国家自然科学基金青年科学基金项目(72201128)
中国博士后科学基金第 73 批面上资助项目(2023M730483)
教育部产学合作协同育人项目(202102298009)

基于用户认知的大数据可视化界面复杂度研究

张 晶 著

东南大学出版社
SOUTHEAST UNIVERSITY PRESS
·南京·

图书在版编目（CIP）数据

基于用户认知的大数据可视化界面复杂度研究 / 张晶著. -- 南京：东南大学出版社，2024.12. -- ISBN 978-7-5766-1797-9

Ⅰ. TP311.561

中国国家版本馆 CIP 数据核字 2024PY2559 号

责任编辑：杨　凡　　责任校对：韩小亮　　封面设计：毕　真　　责任印制：周荣虎

基于用户认知的大数据可视化界面复杂度研究
Jiyu Yonghu Renzhi De Dashuju Keshihua Jiemian Fuzadu Yanjiu

著　　　者	张　晶
出版发行	东南大学出版社
出 版 人	白云飞
社　　　址	南京市四牌楼 2 号（邮编：210096）
经　　　销	全国各地新华书店
印　　　刷	广东虎彩云印刷有限公司
开　　　本	700 mm×1000 mm　1/16
印　　　张	14.5
字　　　数	275 千字
版　　　次	2024 年 12 月第 1 版
印　　　次	2024 年 12 月第 1 次印刷
书　　　号	ISBN 978-7-5766-1797-9
定　　　价	79.00 元

本社图书若有印装质量问题，请直接与营销部联系。电话（传真）：025-83791830

目 录

1 绪论 ·· 1
　1.1 研究背景及意义 ··· 1
　　1.1.1 研究背景 ·· 1
　　1.1.2 研究意义 ·· 2
　1.2 国内外研究现状 ··· 4
　　1.2.1 大数据可视化的发展及研究现状 ··························· 4
　　1.2.2 复杂度研究的发展及研究现状 ······························ 6
　　1.2.3 相关学科的研究现状 ··· 11
　1.3 本书研究内容 ··· 13
　1.4 本书结构及撰写安排 ·· 16
　1.5 本章小结 ·· 18

2 大数据可视化的特征属性及复杂度分析 ································· 19
　2.1 大数据的分类及其特征 ··· 19
　　2.1.1 结构化与非结构化数据 ·· 19
　　2.1.2 时空数据与非时空数据 ·· 20
　　2.1.3 数据的自身属性分类 ··· 21
　2.2 大数据可视化图像的分类及特征 ···································· 22
　2.3 大数据可视化的复杂度分析 ·· 25
　　2.3.1 认知的复杂度 ··· 26
　　2.3.2 数据的复杂度 ··· 27
　　2.3.3 视觉的复杂度 ··· 28
　　2.3.4 交互的复杂度 ··· 29
　2.4 本章小结 ·· 30

3 大数据可视化的认知复杂度研究 ································ 31
3.1 大数据可视化的信息加工模型 ································ 31
3.1.1 信息加工的基本过程 ································ 32
3.1.2 用户调研与专家访谈 ································ 32
3.1.3 大数据可视化的信息加工过程 ································ 34
3.1.4 大数据可视化的信息加工模型 ································ 36
3.2 大数据可视化中的认知负荷研究 ································ 37
3.2.1 大数据可视化中的认知负荷及分类 ································ 38
3.2.2 大数据可视化中的认知负荷结构模型 ································ 39
3.3 大数据可视化的复杂认知加工机制 ································ 41
3.3.1 组块化认知机制 ································ 41
3.3.2 多维空间认知机制 ································ 42
3.3.3 多目标关联认知机制 ································ 45
3.3.4 动态追踪认知机制 ································ 46
3.3.5 自适应的图示认知机制 ································ 48
3.4 大数据可视化中的认知复杂度 ································ 51
3.5 本章小结 ································ 53

4 大数据可视化的数据复杂度研究 ································ 54
4.1 大数据可视化的数据复杂度解析 ································ 54
4.1.1 高维数据的表征方法分析 ································ 54
4.1.2 大数据信息空间的复杂度问题 ································ 57
4.2 信息单元的空间复杂度分析 ································ 58
4.3 数据结构的复杂度研究 ································ 62
4.3.1 基于认知空间的数据结构分类方法 ································ 62
4.3.2 基于 R 语言的数据结构重构实现 ································ 64
4.4 基于认知空间的数据结构与图元编码的表征研究 ································ 69
4.4.1 数据结构与图元关系之间的表征 ································ 69
4.4.2 图元编码表征的复杂度分解 ································ 70
4.4.3 基于认知空间的数据结构与编码属性映射 ································ 72
4.4.4 基于数据结构的图元编码示例 ································ 73

  4.5 基于属性编码叠加数量与叠加形式的实验研究 ·············· 77
    4.5.1 实验对象 ·· 77
    4.5.2 实验设计及材料 ··· 77
    4.5.3 实验程序设计 ·· 79
    4.5.4 实验结果与分析 ··· 81
    4.5.5 讨论 ·· 88
  4.6 本章小结 ··· 89

5 大数据可视化的视觉复杂度研究 ································· 90
  5.1 大数据可视化的视觉复杂度解析 ····························· 90
  5.2 大数据可视化视觉复杂度的客观属性研究 ················ 91
    5.2.1 复杂度与视觉秩序 ··· 92
    5.2.2 构成视觉复杂度的客观属性选取 ···················· 95
    5.2.3 视觉复杂度及其构成属性的相关性研究 ········· 96
  5.3 复杂度与熟悉度的关联性实验 ································ 98
    5.3.1 实验方法 ·· 99
    5.3.2 实验对象 ·· 99
    5.3.3 实验设计及材料 ··· 99
    5.3.4 实验程序 ·· 101
    5.3.5 实验结果与分析 ··· 101
    5.3.6 讨论 ·· 104
  5.4 大数据可视化的视觉复杂度构成 ····························· 105
  5.5 大数据可视化的视觉复杂度分层映射 ······················ 107
  5.6 视觉复杂度的分层映射验证实验 ····························· 109
    5.6.1 实验对象 ·· 109
    5.6.2 实验设计及材料 ··· 109
    5.6.3 实验结果与分析 ··· 111
    5.6.4 讨论 ·· 114
  5.7 本章小结 ··· 115

6 大数据可视化的交互复杂度研究 ·················· 116
6.1 大数据可视化的交互复杂度解析 ················ 116
6.2 交互动作的复杂度分析 ···················· 119
6.3 交互行为的复杂度分析 ···················· 120
6.3.1 交互行为的分类 ······················ 120
6.3.2 交互行为的复杂度 ···················· 122
6.3.3 交互行为复杂度及其构成因素的相关性研究 ········ 125
6.4 交互逻辑的复杂度分析 ···················· 127
6.4.1 交互逻辑的复杂度构成 ·················· 127
6.4.2 交互架构的复杂度 ···················· 129
6.4.3 视觉动线的复杂度 ···················· 135
6.5 基于 CogTool 交互仿真的视觉动线布局研究 ·········· 138
6.5.1 实验设计及材料 ····················· 139
6.5.2 实验程序 ························ 142
6.5.3 实验结果与分析 ····················· 142
6.5.4 讨论 ·························· 150
6.6 本章小结 ··························· 151

7 大数据可视化的复杂度优化方法及应用 ············· 152
7.1 大数据可视化中的整体复杂度 ················· 152
7.2 大数据可视化的复杂度优化方法 ················ 154
7.2.1 基于图元编码的数据复杂度优化方法 ············ 154
7.2.2 基于客观属性的视觉复杂度优化方法 ············ 158
7.2.3 基于认知冗余的视觉复杂度优化方法 ············ 161
7.2.4 基于视觉动线和交互架构的交互复杂度优化方法 ······ 164
7.3 基于复杂度优化的设计流程及解析方法 ············· 169
7.3.1 大数据可视化的复杂度优化设计流程 ············ 169
7.3.2 大数据可视化的复杂度逆向解析方法 ············ 171
7.4 基于复杂度优化方法的案例应用与分析 ············· 173
7.4.1 案例分析 ························ 173
7.4.2 改进方案 ························ 175

  7.4.3 验证分析 …… 180
 7.5 本章小结 …… 181

8 总结与展望 …… 182
 8.1 总结 …… 182
 8.2 后续工作展望 …… 183
 8.3 大数据可视化的未来发展趋势 …… 184

参考文献 …… 186

附录 …… 201

扫码看彩图

图 目 录

图 1-1　大数据可视化的复杂度构成 ……………………………………… 13
图 1-2　本书研究思路及主要框架 ………………………………………… 17
图 2-1　具有时间和空间维度的时空数据可视化示例 …………………… 21
图 2-2　静态数据可视化示例 ……………………………………………… 23
图 2-3　基于软件框架的可视化示例 ……………………………………… 24
图 2-4　交互视图示例 ……………………………………………………… 25
图 2-5　大数据到图像视觉的关联性 ……………………………………… 27
图 3-1　从"数据到用户"信息可视化流程 ……………………………… 32
图 3-2　基本信息加工模型 ………………………………………………… 32
图 3-3　用户调研采用的部分可视化示例 ………………………………… 34
图 3-4　基于大数据可视化的信息加工模型 ……………………………… 36
图 3-5　Pass 提出的认知负荷模型 ………………………………………… 38
图 3-6　大数据可视化中认知负荷的构成及评价模型 …………………… 40
图 3-7　组块化认知机制 …………………………………………………… 42
图 3-8　多维空间认知机制 ………………………………………………… 43
图 3-9　基于不同视觉编码的空间维度感知差异 ………………………… 44
图 3-10　基于不同视觉编码的位置远近感知差异 ……………………… 44
图 3-11　多目标关联认知机制 …………………………………………… 46
图 3-12　动态追踪认知机制 ……………………………………………… 47
图 3-13　相同图元关系的变化应用示例 ………………………………… 48
图 3-14　自适应图示认知机制 …………………………………………… 49
图 3-15　基于圆堆积图和三维散点图的自适应认知 …………………… 50
图 3-16　大数据可视化的认知复杂度构成 ……………………………… 52
图 4-1　中国商务开源数据库的某段原始数据 …………………………… 55
图 4-2　信息单元空间局部缩影的扁平化模拟图 ………………………… 58
图 4-3　相同类型的属性聚类示意 ………………………………………… 59
图 4-4　基于四种结构属性的编码聚类 …………………………………… 60
图 4-5　基于认知结构划分后的信息空间 ………………………………… 62

图 4-6	基于认知空间划分的数据结构	64
图 4-7	案例原始数据的部分截图	65
图 4-8	预期的数据结构形式	65
图 4-9	数据提取后的 Data 窗口	67
图 4-10	重构后的数据结构截图	68
图 4-11	数据结构与图元关系之间基本的映射关系	70
图 4-12	图元表征的构成要素分解	71
图 4-13	数据结构与图元表征及编码属性之间的映射关系	73
图 4-14	数据结构与图元编码映射示例	75
图 4-15	复杂结构下的图元编码叠加示例	76
图 4-16	基于数据结构的图元编码应用示例	76
图 4-17	每一种属性单独的编码形式	78
图 4-18	以山东省数据为例的 4 种叠加数量级素材示意	79
图 4-19	实验流程	80
图 4-20	实验任务示例（D＋C＋H＋S 编码叠加形式）	80
图 4-21	四种数据结构在 2 种属性叠加时的正确率（左）与反应时（右）	82
图 4-22	四种数据结构在 3 种属性叠加时的正确率（左）与反应时（右）	84
图 4-23	四种数据结构在 4 种属性叠加时的正确率（左）与反应时（右）	86
图 4-24	实验中的 15 种属性叠加形式下的正确率和反应时	87
图 5-1	实验素材示例	101
图 5-2	实验流程	102
图 5-3	两组被试在三组刺激类型上的正确率	102
图 5-4	两组被试在三组刺激类型上的反应时	102
图 5-5	视觉复杂度的构成结构	106
图 5-6	视觉复杂度因子与认知过程及图像属性的关联性	108
图 5-7	客观属性到视觉复杂度的分层映射关系	109
图 5-8	实验材料中三种复杂度的编码示例	110
图 5-9	三种不同复杂度因子组合下的实验素材	111

图 5-10　实验流程 ………………………………………………… 111
图 5-11　三种复杂度的正确率和反应时 ………………………… 112
图 5-12　清晰度划分范围 ………………………………………… 113
图 5-13　不同复杂度编码下的视觉范围广度 …………………… 114
图 6-1　大数据可视化中的常见交互示例 ……………………… 117
图 6-2　大数据可视化的交互空间 ……………………………… 118
图 6-3　可视化中交互复杂度构成 ……………………………… 119
图 6-4　不同执行难度下的交互行为示例 ……………………… 123
图 6-5　不同需求匹配度下的交互行为示例 …………………… 124
图 6-6　不同情感体验度下的"缩小"动作 …………………… 124
图 6-7　不同交互逻辑下的可视化形式示例 …………………… 128
图 6-8　可视化中交互逻辑的复杂度构成 ……………………… 129
图 6-9　交互架构中不同交互策略的示意图 …………………… 130
图 6-10　交互架构的复杂度成因 ………………………………… 131
图 6-11　不同呈现形式中的冗余差异 …………………………… 132
图 6-12　可视化中的交互冗余 …………………………………… 133
图 6-13　不同交互架构下的冗余需求差异 ……………………… 134
图 6-14　不同操作步骤和执行难度下的冗余需求差异 ………… 134
图 6-15　不同的视觉动线路径示例 ……………………………… 136
图 6-16　视觉动线的复杂度成因 ………………………………… 137
图 6-17　3 个图表的可视化布局类型 …………………………… 139
图 6-18　4 个图表的可视化布局类型 …………………………… 140
图 6-19　5 个图表的可视化布局类型 …………………………… 140
图 6-20　两种内在关联性的多图表可视化示例 ………………… 141
图 6-21　相同布局形式下不同的主图表位置示例 ……………… 141
图 6-22　CogTool 的仿真结果 …………………………………… 142
图 6-23　不同图表数量级上的眼动时间(左)和光标移动时间(右) … 143
图 6-24　不同主图表水平位置的眼动时间(左)和光标移动时间(右) …… 144
图 6-25　包含关系时不同布局上的眼动时间(左)和光标移动时间(右)1
……………………………………………………………… 145

图 6-26	包含关系时不同布局上的眼动时间（左）和光标移动时间（右）2 ········· 146
图 6-27	包含关系时不同布局上的眼动时间（左）和光标移动时间（右）3 ········· 148
图 7-1	基于认知全过程的整体复杂度结构模型 ·· 155
图 7-2	图元表征形式中三种主要坐标系 ··· 156
图 7-3	树形图元关系下的不同视觉语义 ··· 157
图 7-4	比较"大小"功能时不同图示的差异对比 ·· 158
图 7-5	可视化中的认知冗余与视觉复杂度 ·· 162
图 7-6	无效冗余示例：无意义的区域过多 ·· 162
图 7-7	无效冗余示例：极坐标角度信息重复 ··· 163
图 7-8	不同色彩相似性下的冗余差异 ·· 163
图 7-9	视觉动线的复杂度优化方法 ··· 165
图 7-10	交互架构的复杂度优化方法 ··· 167
图 7-11	大数据可视化的复杂度优化设计流程 ··· 170
图 7-12	大数据可视化的复杂度逆向解析方法 ··· 172
图 7-13	案例原型《青海省新能源运营数据可视化平台》 ···························· 174
图 7-14	改进后的可视化方案 ·· 175
图 7-15	改进案例中视觉复杂度的分层解构 ··· 177
图 7-16	改进方案中四种的复杂认知机制解构 ··· 178
图 7-17	改进后的交互行为1：地理信息图的放大、缩小和平移 ··················· 179
图 7-18	改进后的交互行为2：地图的平面模式与3D模式切换 ····················· 179
图 7-19	改进后的交互行为3：窗口的最大化与缩放 ·································· 179
图 7-20	改进后的交互行为4：主视图中的图表切换 ·································· 180
图 7-21	改进后的交互行为5：长按后查看具体数据 ·································· 180

表 目 录

表 1.1	目前关于复杂度的相关定义	7
表 4.1	目前高维数据的图元关系	56
表 4.2	四种数量级下的编码叠加形式	79
表 4.3	1 种编码叠加时反应时的 LSD 验后多重比较检验	82
表 4.4	2 种编码叠加时反应时的 LSD 验后多重比较检验	83
表 4.5	3 种编码叠加时正确率和反应时的 LSD 验后多重比较检验	84
表 4.6	4 种编码叠加时反应时的 LSD 验后多重比较检验	86
表 5.1	实验中 15 种客观属性的统计标准	95
表 5.2	15 个客观属性与视觉复杂度之间的相关性分析结果	97
表 5.3	实验素材示例	100
表 5.4	汉语伪组被试在三种刺激上的 LSD 验后多重比较检验结果	103
表 5.5	日语伪词组被试在三种刺激上的 LSD 验后多重比较检验结果	103
表 5.6	各实验项目平均总访问时间 TVD 和视觉清晰广度	113
表 6.1	可视化中常见的交互行为分类及说明	121
表 6.2	六个交互影响因素与交互复杂度之间的相关性分析结果	126
表 6.3	包含关系时不同主表水平位置的 LSD 多重比较检验 1	145
表 6.4	包含关系下不同布局形式的 LSD 多重比较检验 1	145
表 6.5	包含关系下不同布局形式的 LSD 多重比较检验 2	147
表 6.6	包含关系时不同主表水平位置的 LSD 多重比较检验 2	147
表 6.7	并列关系时不同主表水平位置的 LSD 多重比较检验	148
表 6.8	包含关系下不同布局形式的 LSD 多重比较检验 3	149
表 6.9	包含关系时不同主表水平位置的 LSD 多重比较检验 3	149
表 7.1	改进后案例中各客观属性统计量及变化	176
表 7.2	案例中新增的交互行为及说明	178
表 7.3	原始方案和改进方案在反应时间上的结果	181

1 绪 论

1.1 研究背景及意义

1.1.1 研究背景

万物皆有复杂度,复杂是客观事物的一种属性。著名的物理学家斯蒂芬·威廉·霍金在2000年的白宫演讲时曾经预言"下个世纪将是复杂度(性)的世纪"。当前,随着互联网、云计算、交互技术的迅猛发展,各种数据的生成速度呈爆炸性增长,巨量大数据遍布世界各地的各种智能移动设备和社交网络,数据正在变得无处不在,当前的时代被称作"大数据(Big Data)时代"。与此同时,随着可视化技术与社会科学、计算科学、管理科学等众多学科交叉融合,大数据的应用面越来越广,面向用户的大数据可视化也经常出现在人们生活中,这些大数据中包含了大量的潜在信息,但却被湮没在大数据的"复杂"之中。谷歌公司(Google)首席经济学家,加利福尼亚大学伯克利分校的哈尔·瓦里安教授所说"数据创造的真正价值,在于我们能否提供进一步分析数据"。[1]而大数据可视化的核心功能正是从这些大量低价值的数据中分析、挖掘出有价值的信息,用于辅助决策或预测未来。[2]

大数据即大型数据集,泛指巨大、复杂的数据集及所包含的数据格式,通常具有海量(Volume)、类型繁多(Variety)、实效性高(Velocity)和价值密度(Value)的"4V"特征。[3]而大数据可视化指的是通过选取、转换、映射、抽象与整合等方式将庞大数据中不可见或者难以直接显示的非空间结构信息转化为可感知的图形、图表、符号、图像等视觉元素,通过这些视觉元素来表达数据的特征和语义,以增强数据的识别、传递效率[4-7]。Wong等[8]在《极端大规模数据可视分析面临的十大挑战》一文中指出,未来大数据可视分析领域的核心问题是认知、可视化以及人机交互之间的深度融合。如果把存储、计算、挖掘过程的多层结构称为大数据的应用前端，那么，呈现着巨量信息的可视化界面即为大数据的应用后端。相较于一般的人机界面，大数据可视化界面中的数据来源广泛，信息数量通常呈几何级数递增，信息种类包含了一维、二维、三维，甚至四维空间的高维数据，导致了大数据可视化的图像界面不仅呈现出多样化，还越来越复杂。此外，大数据可视化界面与普通信息可视化最大的区别不仅仅是它可以通过图像呈现数据信息，大数据可视化界面还包含了高时效性和高交互性，以便于用户通过与之交互深入探索、挖掘更多的数据关系。随着交互技术的多元化发展，大数据界面的交互手段也越来越往动态、多维等复杂形式发展，如何平衡这些影响认知行为的复杂度也成了核心问题。

大数据可视化的"复杂"与交互设计、界面设计及可用性设计密切相关，背后涉及了心理学、认知科学、工效学、美学等多个领域。大量研究已经证明，复杂度对用户的认知行为如识别阈值、视觉搜索绩效、认知通道有效性、可记忆性、美学感知和情绪反应等有着重要影响。从认知层面来看，大数据可视化的复杂度是对用户认知可视化中内在信息的复杂程度和用户获取信息过程中的操作难度的描述，这种认知层面的复杂度很大程度上影响着用户在面对大数据时的认知效率以及目标信息感知、注意力分布、信息提取等认知行为的困难程度。然而，现有的可视化呈现方法一直局限于传统思维与技术，导致了当用户面对大数据可视化时频频出现数据信息过于复杂、可视化界面难以理解、数据读取失误等问题高发，而这些认知问题都与大数据可视化界面的复杂度息息相关。

因此，针对大数据的复杂度研究具有重要的意义，面向大数据的复杂信息"由繁入简"可视化呈现研究是当前大数据可视化中重要的研究点，而从用户角度展开认知层面的复杂度研究更是其中的关键。

1.1.2 研究意义

1.1.2.1 大数据可视化研究从数据端到用户端的必要转变

从大数据的技术本身来看，大数据只是规模庞大、类型多样、关系复杂的数据集，通过数据挖掘后将相关的数据进行了过滤、分类和关联。基于这个原因，现有的关于大数据可视化的研究主要是从计算机的角度出发，主流的研究集中在处理算法、智能搜索与数据挖掘等研究内容上，例如面向大数据的 Hadoop 和 MapReduce 等。[9] 然而，对用户来说，在短时间内获取、分析海量的大数据信息是不可能实现的,仅停留在存储、计算、挖掘等前端技术的研究无法改变用户端的认知绩效,前端技术与用户端的不平衡只会造成更大的技术浪费。

因此,大数据可视化研究从数据端到用户端的转变是必要且关键的,只有把"用户"作为分析主体和需求主体,强调"以人为本",通过合理、有效的可视化视觉呈现,帮助人们获取更深层次的规律,才能真正地将大数据中的核心价值高效、准确地传递出来。大数据可视化研究的终极目标是将数据合理、准确、恰到好处地呈现给用户,以人为中心的设计是必要且必需的,可视化过程中涉及的用户研究种类繁多,包括了可用性研究、用户体验设计、人机交互设计、标志设计、情感设计、视觉传达设计、视觉营销等多个交叉学科[10-11],这些都是用户感知可视化时不可忽略的重要因素。基于此,以可视化的终端用户为研究对象,将人的认知优势作为大数据可视化的设计与分析的重点,才能避免用户在"读取"海量数据时的认知困难,从而真正发挥大数据的作用。

1.1.2.2 从用户认知角度解决大数据可视化的复杂度问题

移动互联技术下的大数据不仅数据规模巨大,还具有实时变化的动态性,这些海量复杂的数据都蕴含在可视化中,多方位地挑战了人的认知能力。如何减少用户的认知负荷,提高人们的认知效率,也是当前大数据可视化的一个核心问题。然而,现有大数据可视化呈现技术仅从计算机的角度出发,常常忽略用户的角色,造成了很多大数据可视化存在有效信息获取难度高、无效信息的干扰影响大等一系列问题。[12-13]从信息处理方式来说,人眼与计算机是完全不同的,用户的注意力资源、视觉感知容量和工作记忆容量在感知、解码大数据信息可视化的过程中都是有限的,但在实际应用中,现有的大数据可视化图像大多由计算机生成,鲜有考虑用户的认知需求,这些自动生成的数据结构和图元关系都是基于算法实现的,从计算机的角度看似乎是合理的,但是对用户来说,人眼难以快速建立对应的解码机制,导致用户在"读取"海量数据时认知时间长、绩效低;反之,用户可以快速识别出视觉中的一些特征属性,例如动态变化、异常点、相似点等,而计算机却很难理解其涵义[14],但这些都与大数据可视化界面的复杂度紧密关联。

由此可见,大数据可视化复杂度问题不仅涉及了数据挖掘、人工智能、统计学等技术,更是需要与人机交互技术、图形学和认知心理学等诸多"以人为本"的学科相结合。要解决可视化信息传递过程中用户面对可视化界面产生的认知困难问题,必须从用户认知角度出发,重新梳理数据信息的呈现形式和用户认知机制,才能建立与之匹配的可视化呈现形式,从根本上优化用户的认知复杂度。然而,现有的大数据可视化的复杂度研究尚处在初步阶段,相关的理论和方法仍是空白。因此,从用户认知角度展开可视化界面的复杂度研究非常重要。如何让用户更高效地对这些复杂信息进行快速过滤和分层、对呈现形式建立信息感知与交互?如何实现高效的数据分析和最终决策?这些复杂度问题只能从用户认知的角度着手才能解决。

1.1.2.3 从设计层面展开对大数据可视化"由繁入简"的新方法研究

目前,在大数据的可视化实现过程中,从数据到可视化的过程仍然属于"黑匣子",数据分析师难以从认知的角度呈现可视化,设计师又难以破解数据中的复杂,如何将数据与视觉设计建立直接的对应关系是困扰已久的问题。传统数据可视化的方法只是基于图元关系库的模板,将不同的数据属性值映射到相对应的坐标轴中。然而面对大数据的多变性和实时性,传统的可视化设计方法有限,现有的设计方法又难以应对这些海量、高维、多源和动态的复杂数据,造成了用户对大数据可视化设计一直存在"复杂又难以理解"的偏见。

然而,现有设计层面的相关理论和研究甚少,特别是海量的数据如何通过视觉信息才能更高效地传达给用户?不同的复杂度呈现形式如何设计才能让用户快速、有效地感知?这些设计层面的问题鲜有学者展开研究,缺乏科学方法论的指导和支撑。很多可视化的复杂度问题都是由于缺乏了用户认知设计方面的研究,例如:如何把复杂的数据结构通过形状、颜色、大小等视觉属性的设计合理呈现出来?如何对数据维度及关系建立形象、直观的图元映射?这些问题都是当前大数据可视化中迫切需要解决的问题。

因此,从设计层面展开对大数据可视化"由繁入简"的新方法研究十分必要。通过深入研究可视化的设计方法,提出更新、更合理的可视化呈现形式及人机交互方式,不仅可以更好地呈现大数据,还可以从视觉层面直接降低复杂度,帮助用户更加快捷、高效进行图像信息感知。

1.2 国内外研究现状

1.2.1 大数据可视化的发展及研究现状

最早在1972年版的《牛津英语词典》中"可视化"被解释为:"概念的图形表

达".[15]之后,随着可视化与信息科学、统计学的紧密结合,可视化逐渐被用于表达数据的趋势和分布。1977年Tukey提出了"探索式数据分析"的基本框架[16],将可视化引入统计分析。Card等人将信息可视化定义为基于计算机的将抽象数据转化为可交互的可视形式。[17]时至今日,大数据可视化技术已经与数据挖掘、人机交互、人工智能等领域相互融合,成了人们分析复杂问题时强有力的工具。[18]

当前,大数据的相关研究已经引起了全世界各国的产业界、科技界和政府部门的高度关注,已成为重要的国家战略布局方向。国内外一流公司和研究所都建立了数据可视化的相关研究机构,例如国外谷歌公司(Google)的 MapReduce 和 Big Table 大数据技术、美国国家航空航天局(NASA)科学可视化工作室、美国国际电话电报公司(AT&T)可视化实验室以及国内的阿里巴巴集团的 MaxCompute 大数据计算平台、中国科学院科学数据中心、香港科技大学屈华明教授团队、北京大学袁晓如团队以及浙江大学陈为教授等。

在近几年大数据可视化研究量剧增,但相关研究主要集中在可视化的结构网络与算法上。Zhu等[19]基于扩展认知适应理论提出了针对加强复杂任务流和数据可视化的视觉数据探索网络,提出多维数据可视化的结构应与相应任务的结构相匹配。Reda[20]研究了在增强现实环境下二维到三维可视化空间的构建方法。在高维数据可视化方面,Engel等[21]研究了高维数据降维方法,并提出高维数据的映射模型。Liu等[22]分析了高维数据投影法的刺激频谱,提出了基于RGB映射空间的数据投影。Artero等[23]研究了高维数据可视化映射属性,提出了基于属性之间的相似性计算的高维数据视觉分组。

此外,也有一些相关研究从可视化的视觉元素和交互元素展开,但从认知层面研究大数据可视化设计方法的较少,都是针对可视化中的某一个元素展开。[24-26]Lai等[27]研究了不同的图形布局和导航在网页信息可视化中的应用。Castellano等[28]和Yim等[29]研究了可视化层次信息的布局呈现方法。Albers等[30]分析了交互工具的结构元素和特征识别对于交互质量的影响。Valdes等[31]针对现有的交互技术在处理大数据时存在局限性,提出了手势交互并对手势交互行为的符号定义、心智模式及隐喻展开研究。程时伟等[32]结合眼动跟踪技术探索了数据的可视化形式在协同交互环境下对用户视觉注意行为的影响,发现圆点形式能够有效地提高多用户协同搜索任务的完成效率。Hollands和Spence[33]的研究发现,在饼图中增加扇形分类的数量并不会影响判断比例的反应时间,而在条形图中增加条形的数量则会造成影响,因为条形图提取信息和知识过程中的心理操作更复杂。Green[34]基于认知模型对可视化中的复杂概念进行了分析研究,并在可视化模型上增加了感知加工行为。Shneiderman[35]简要地提出了一种可视化认知流:用户首先纵览全局,然后进行变焦和过滤,最后按需求进行细化并对其可视化读取。Sedig 等[36]提出一个基于微观和宏观的交互层级理论,将用户与大数据可视化界面之间的交互分成四个层级:物理事件、交互行为、具体任务和认知活动。

纵观前人关于大数据可视化方面的研究成果,国外学者的研究主要集中在可视化的架构和算法上,关于大数据可视化图像界面的认知方法及设计原理的研究较少,虽然有不少学者从交互的角度提出了一些可行的设计方法,但这些研究还处于初步阶段,有待在后期的研究中继续深入,且没有涉及可视化认知层面的复杂度问题。本书可以在这些研究的基础上,提出具有针对性的大数据可视化复杂度优化方法。

1.2.2 复杂度研究的发展及研究现状

现代计算机之父约翰·冯·诺依曼曾指出:阐明复杂性和复杂化概念应当是 20 世纪科学的重要任务。[37]在日常生活中,"复杂"一词通常被用来形容那些无法认识或难以处理的事务。[38]学术界对复杂度的最早研究是 Weaver 于 1991 年发表的论文 *Science and Complexity*[39],他从科学发展史的角度提出了复杂度的三个层次:简单性、非组织复杂度和组织复杂度。之后,随着复杂度研究的发展,关于复杂的研究从传统的系统科学拓展到了计算机科学、人工智能、认知科学等多个领域,已经成为一个备受关注的研究点。

在不同学术领域内,复杂度相关研究的切入角度极多,不同学科之间对"复杂"的定义有的相互交叉,有的完全不同。通过数据库的精炼检索,这些研究主要集中在计算机图像学、工程学、生物医学等学科,这些学科中的复杂性度量方法主要以软件分析为主,或是从信息分类等角度建立了基于图像视觉复杂度的相关算法和模型,用以从海量图像中甄选不同复杂度阈值的图像。Richard 等[40]从灰度级和边缘两个方面对图像的复杂度进行了描述和总结。国内学者朱延武等[41]提出基于 JPEG 图像的 DCT 系数 LSB(Least Significant Bit)计算得到图像的复杂度;郭云彪[42]根据图像中的数据频度和随机序列频度分别定义了图像的水平复杂度和垂直复杂度;王磊等[43]提出了一种基于图像规则程度和纹理信息的图像空间复杂度计算方法;钱思进等[44]通过对相邻像素块间视觉感知度变化的测量,提出了一种面向图像的视觉复杂度计算模型。郭小英等[45]从信息论、图像压缩理论、图像特征分析、眼动数据等方面阐述了图像复杂度评价方法。相关学科中的复杂度定义如表1.1所示。

表1.1 目前关于复杂度的相关定义

定义分类	所指内容
图像复杂度	给定窗口尺寸下图像像素的变化和非均匀性
界面复杂度	指定界面中图片、文本密度、文本块等属性及其相对位置的综合属性
图形复杂度	图形的大小、密度、线曲率、颜色、对称性、形状相似性等视觉特征及其相互之间的和谐和变化程度
关系复杂度	执行任务中引入的流程和必须并行呈现的交互变量的数量
Drozdz复杂度	由连贯性、混沌和它们之间的间隙组成的共同属性
有效度量复杂度	为了在粒度级别上对下一个符号进行最佳预测而必须存储的信息量
Langton复杂度	通过分析系统内部的结构和信息传递等方面来衡量复杂性
层次复杂度	局部状态数、维数和规则范围的综合属性
循环复杂度	用给定的原子组件及其相互关系来制定整体行为的难度

目前,与复杂度(Complexity)相关的学术关键词也很多,术语彼此间的界线非常模糊,例如"复杂性"(Complex/Complicated)、"复杂问题"(Complex Problem)、"复杂化"(Complication)、"复杂系统"(Complex System)等。[46]但总的来说,复杂度科学的本质问题都是在研究复杂性如何被简化,才能被更有效地被利用和理解。

本书将统一采用"复杂度"作为主题和关键词,并在图像认知的范畴内展开大数据可视化认知复杂度的探讨和研究。目前,认知领域中关于复杂度的定义及度量方法主要分为两类:一部分学者认为复杂度是人们对复杂的感知判断,应该用主观评价方法来度量;另一部分学者则认为复杂度是由人眼观察到的客观存在的视觉属性决定,而主观度量方法受多种因素影响有很强的干扰性,应该用客观因素来度量复杂度。

(1) 主观复杂度

虽然"复杂度"一词有多种定义,使用主观评价来描述复杂度是心理学文献中最经典也是最常用的度量方法,特别是在对象识别、记忆和命名的行为研究中。这部分学者认为复杂度是由用户自己的主观感受决定的，应该"以人为本"，因此，主观度量复杂度的方法应该从观察者的感知角度出发，只有度量其对目标对象复杂程度的主观感受，才能反映实际中的复杂度。正如 Edmonds 等[47]提出的观点：复杂度是内在的、主观的，事物的复杂度似乎取决于你想关注并在意的方面。最早的主观复杂度度量方法是由心理学家 Snodgrass 和 Vanderwart[48]提出，他们将复杂度定义为图像细节数量或线条细节的复杂程度，采用 5 分李克特量表让受试者根据这一定义对每张图像的复杂程度进行主观评分。随后的几十年来，主观评分一直被用作复杂程度的度量方法，特别是在图像的标准化研究中。[49-52] 除了李克特量表评分方法之外，还有卡片分类（Card Sorting）[54]、评分排名（Score Ranking）[53]。例如，Harper 等[54]采用卡片分类和三元启发式的主观评分测量方法评估了网站复杂度，并提出视觉复杂度可以作为认知负荷的一种隐性度量。此外，一些研究发现复杂的视觉图像往往也会被评为低熟悉程度，而当用户面对已知或者记忆中已有的素材时，对其复杂度的评分会自动降低。[49,55]

但当具体展开分析时发现，人们对目标进行实际的主观评价时通常并没有时间去仔细评估复杂度对认知的影响，人们可能只是使用第一印象给出一个初步的判断，不需要对目标进行记忆加工，也并没有涉及全部认知过程。也就是说，只有简单的对象适用于主观评价，因为这种基于第一印象的评价并不能完整地度量出目标复杂度和可能产生的认知负荷大小。此外，还有一些可能的干扰因素会改变人们的主观评分，例如不同的复杂度定义、用户预先存在的期望、任务过于抽象以及用户年龄等。因此，对于像大数据可视化这种复杂界面，用户根本无法仅通过第一印象对大量视觉元素做出准确的判断。

近年来，也有学者提出采用主观与客观、生理测评手段相结合来评估复杂度。例如，Donderi[56]指出，主观复杂度可以通过幅度估计尺度度量，客观复杂度可以通过压缩文件大小度量；DaSilva[57]提出注意行为是一种很好的视觉复杂度估计方法并提出了用 JPEG 技术对眼动跟踪所得的显著图和热点图进行压缩；Goldberg[58-59]提出，眼动扫描路径可以被视为复杂度的描述，目前用户在与界面交互过程中的注意力分配、信息搜索策略和情感效价（即情绪的正负性）都与复杂度有关。Chassy 等[60]通过眼动追踪研究了网页的客观复杂度、主观复杂度和审美评价三者之间的关系，发现高复杂度和负面的审美评价是由于工作记忆能力有限而导致的认知超载的结果。陈珍[61]通过眼动追踪实验研究了视觉复杂度与任务难度之间的交互作用，发现视觉复杂度水平在提取信息和自由浏览两种不同任务中存在认知差异。虽然上述方法可以解释一些问题,但这些主观评价方法更多地用于构建初始基线或者是实验校准、评估。

(2) 客观复杂度

复杂度研究的另一个方向是使用客观的视觉元素及物理属性来度量复杂度。这部分学者认为主观复杂度的评价结果存在"因人而异"的不确定性,所以主观的度量标准在本质上是存在缺陷的。[62-65]这些学者主张复杂度是客观存在的独立于对象的物理属性,不应该受任何主观的人为因素影响,无论是熟悉度还是先备经验都不能影响复杂度,因此,基于客观属性的复杂度度量方法才是无偏差、标准化的。同时,基于不同的界面对象,这些客观复杂度评估标准各不一样。其中,部分学者主张客观复杂度可以通过计算对象所包含的某一种客观属性特征来评估视觉的复杂度,如轮廓点[66]、压缩比[67-68]、信息熵、真实性、空间频率、场景分层、阵列大小[69]、边长复杂度[70]等。例如:Guo 等[71]根据绘画图像中的构成、色彩和内容分布建立了一种视觉复杂度的回归模型来预测绘画的审美质量、美感。Attneave[72]提出了一种"点"编码来度量复杂度的方法,点与点之间通过直线连接来描述重要的图像区域,越简单的图像需要的点越少。Hochberg[73]在 Attneave 的基础上引入了"内角"的概念,分析图像中不同的内角和线更容易以三维空间的形式被人眼感知,提出用内角总数、不同内角数和连线平均数来计算图形的复杂度。Machado 和 Cardoso[74]将图像复杂度分为:使用 JPEG 压缩的视觉刺激复杂度和使用分形压缩的感知复杂度,并提出图像的美学度量与图像本身的复杂度(IC)成正比。

目前在人机交互领域,客观的复杂度已经成为人机交互相关研究中较主流的度量方法。这部分学者认为复杂度是由多个客观因素的属性共同决定的,他们的研究提出了具有多属性集成的复杂度评估标准及计算方法。[75-77]例如,Geissler 等[78]认为影响主页复杂度感知的重要因素包括:主页长度、图形数量、链接数量、文本数量和动画。Miniukovich 等[79-80]提出用户视觉界面视觉复杂度的四个维度:信息量、视觉形式的多样性、空间组织、细节的可感知性。Yanyan 等[81]提出车载人机界面的视觉复杂度是由界面元素的数量属性和结构属性组成,数量属性包含对象大小、图标尺寸和组件数量;结构属性包含了界面中的留白区域占比、分割形式和字图比例。Lin 等[82]将网站视觉复杂度定义为由视觉多样性和视觉丰富性所构成的程度,通过文本的数量、图形的数量和链接的数量来衡量。Miniukovich 和 Angeli[79]提出了图像用户界面复杂度的三个维度及八个子因素:信息量(视觉杂波和颜色变化)、信息组织(对称性、网格、易于分组和原型性)和信息辨别力(轮廓密度和图形—背景对比度)。

从客观复杂度的角度分析,如果客观复杂度只是为了电脑端的图像甄选,那么客观属性可以满足,但如果是要预估复杂度对于人的认知行为影响,那么这类方法是不完整的。因为只度量物理属性既不能真正贴合也无法完整描述人们对复杂度的感知,特别是把用户对目标的熟悉度看成绝对的干扰因素,这一观点过于简单、粗暴了。人不是计算机,并不只关注客观属性的特征和数量。在实际的认知行为中,用户实际上并不会逐行读取每个元素,也不会真的去"数"目标所包含的客观属性数量,更多的是用他们的视觉感知来判断目标是"简单的"还是"复杂的"。

(3) 复杂度与认知

学术界关于复杂度似乎有个共识,即复杂度与认知负荷一样,都是影响认知的干扰因素,当刺激对象越复杂时,需要分配的注意力资源越多,占用的视觉工作记忆(VWM)容量更多。[83-90]因此,高复杂度被认为会影响用户的认知行为,例如识别阈值、视觉搜索绩效、认知通道有效性、可记忆性、美学感知和情绪反应等。[91-96]一些研究还证明在对象的复杂度高、低与可存储在记忆中的对象总数之间存在负相关关系[70,97-99],因为更高的复杂度刺激通常被认为是工作记忆的额外负担,消耗更多的工作记忆资源来处理和操纵信息,所以高复杂度的刺激通常会导致更长的处理时间和更差的性能。

另一方面,也有部分学者提出反对,认为复杂度的增加并不影响认知行为。例如,Jackson 等只在记忆阶段和测试阶段的刺激相似时发现了复杂度的影响,而当记忆阶段和测试阶段的刺激不同时却没有发现复杂度的影响。Bethell-Fox 和 Shepard[100]发现,在使用刺激进行训练后,复杂度并不影响部分填入网格的心智旋转速度。Campbell 等[101]和 Peracchio 等[102]的研究结果证明了复杂度与感知倾向存在正相关关系,高视觉复杂度导致消费者更喜欢设计。此外,还有一些学者的研究中发现复杂度与认知绩效之间并不是简单的正相关或负相关关系,而是"倒 U 型"关系,因为中度复杂度比高、低复杂度更受欢迎[103-105]。例如,Geissler 等[78]的研究发现用户对处于适度复杂程度的网页反应更积极。Chen 等[90]也发现视觉工作记忆(VWM)能力受待处理对象的心理复杂度影响,而中等复杂对象在处理方面具有一定的优势,比低、高复杂对象具有更高的 VWM 容量。

纵观前人关于复杂度方面的研究，大多文献都是面向不同的图像对象，这些对象都是以摄影、绘画以及无意义图形图像为主，这类图像所包含的内容都较简单、信息量不高且认知负荷较小。无论是主观还是客观的复杂度，都不能完整反映出复杂度。从主观复杂度的角度分析，主观测量不足以全面评估复杂对象的复杂度，客观度量方法也不能完整反映出用户对复杂的认知，因为在实践中单纯地计算目标对象的物理属性不能反映出与人有关的因素对行为结果的影响。此外，目前表征图像复杂度的方法大多数是基于信息论、组成论的计算机分类方法，主要集中在图像位图、平面图片压缩、编码模式、图片筛选等视觉层面的研究。因此，大数据可视化的视觉复杂度研究不仅需要进一步研究主观或客观复杂度之间哪个更好且更适合，还需要进一步研究可视化复杂度的内在构成。

1.2.3 相关学科的研究现状

大数据可视化的认知复杂度研究涉及了信息科学、计算机科学、心理学、设计科学、认知科学等多领域，是包含了视觉认知、认知负荷、人机交互以及信息加工等多个研究内容的交叉课题。目前，这些相关学科领域具有主要代表性的研究工作和最新研究进展如下：

在视觉认知相关研究方面，相关研究结果已经表明，视觉追踪系统可以有效处理目标形状、大小、亮度、运动方向、时空属性等特征发生的变化。[106-109]而当用户寻找目标对象时，引导注意优先偏向目标刺激，并在随后的视觉搜索过程中不断地将输入的视觉信息与目标"模板"进行比较和辨认。[110-113]一般情况下，非目标的对象不会对注意选择产生影响，甚至会主动抑制注意力，避免认知加工偏向干扰刺激。[114-117]Theeuwes[118]的研究指出：视觉情境中非目标对象的知觉特性，如更亮、闪现、色彩凸显或形状凸显等，都会对注意分配产生影响。同时，相关研究指出，在多目标视觉任务中，视觉系统采用知觉组织加工策略，眼睛的注视点则会非常接近由这目标点构成的几何图形中心。[119-121]例如，Desimone[122]基于偏向竞争模型提出，相似刺激在视觉搜索中更容易获得竞争优势。Abrams[123-124]等提出静态物体的突然运动会迅速吸引人们的注意，且这种注意捕获发生在物体运动 150 ms 左右[125]。丁锦红等[126]的研究发现图形的形状在视觉加工过程中的认知难度高于颜色特征。Franconeri 等[127]基于注意优先权（Attentional Priority）理论提出，目标自身的动态变化更容易引起人们的优先注意。但需要注意的是,心理学中的视觉运动追踪理论中是仅包含目标获取和运动追踪两个加工过程。在空间认知方向,Couclelis 和 Gale[128]提出了空间认知的 5 种形式,即物理空间、感觉运动空间、感知空间、认知空间和符号。鲁学军等人[129]提出一种空间认知模式,将多维空间的认知分成空间特征感知、空间对象认知和空间结构认知 3 种。Scholl 等[130]的研究指出,目标的空间信息的追踪成绩显著好于受干扰刺激的空间信息的追踪成绩。

在认知负荷的研究方面,大量学者对视觉元素的认知负荷进行了研究,例如:Tomasi[131]将认知负荷分成工作记忆负荷和视觉注意负荷,并指出当大脑同时对过多的信息进行加工时,用户的注意力和工作记忆资源都是有限的。Seufert 等[132]提出认知负荷可以分为外在认知负荷和内在认知负荷,前者由学习任务的复杂性决定,后者由认知图式的可得性决定。Luokkala 等[133]从时间压力的角度研究了态势感知和交互的信息系统。Parsons 等[134]研究了在复杂认知活动中影响认知过程和视觉推理的十个界面属性,如外观、复杂性、动态性、布局等。李晶[135]从认知加工角度分析了人机界面中的信息过载问题,提出了均衡认知负荷的信息编码原则和设计方法;Wu 等[136]提出了一种面向多任务环境的工作绩效和认知负荷的人机交互质量评估软件;Sandi[137]分析了工作压力与认知绩效之间的关联性。

在用户的交互行为方面,Gotz 等[138]按用户交互意图作为主要特征将交互行为分为三大类:探索行为、认知行为和元动作。Landesberger 等[139]提出另一种按照用户意图分类的交互行为分类框架,将用户交互行为分为数据处理、信息可视化和推理行为三类。Chuah 等[140]指出用户的交互行为可以分为图形操作、数据对象所组成的集合操作以及数据信息的操作。Zhou 和 Feiner[141]基于不同的交互技术将用户交互行为划分为:选择、导航、重配、编码、抽象/具象、过滤和关联七类。薛澄岐等[142]将交互按照其作用分为提示类交互、推送类交互与展开类交互三类。

在信息加工研究方面,邵志芳[143]根据传统的信息加工机制将大脑的信息加工系统分为感知系统、控制系统、记忆系统和反应系统四个部分,分别对应了信息接收与选择、加工及操作、内外信息的交换和信息输出。Simon[144]用计算机成功地通过计算验证了这些行为的逻辑结构,模拟了人在信息加工中的思维程序,把人在解决问题的大量策略活动组合在一起,证明了信息加工的合理性。

由上述各学科领域的研究现状分析可知,从可视化中切入人类认知问题的文献相对较少,交互式大数据图像尚未涉及,复杂度与数据可视化图像之间的关联性研究更是缺乏。但现有的视觉认知、认知负荷、人机交互以及信息加工等研究中已经提出了大量可以参考的方法论,本书可以在这些理论和设计方法的基础上,分解用户认知大数据可视化的过程,从认知层面深入研究可视化"复杂"的根本原因。

1.3 本书研究内容

从"人—机—环"宏观角度来说,用户对于大数据可视化界面的认知是一个信息加工的过程,大数据可视化的复杂度不仅发生在最终呈现界面图像中,而是涉及整个信息传递过程。正如 Donald[145]在《未来产品的设计》一书中指出的,"人—机"之间成功交互的根本限制在于缺乏共同立场。在大数据可视化中有两种交互:一是数据之间的交互;二是人和可视化系统的交互。如果把数据信息看成信源,那么可视化界面就是信道,用户则对应了信宿,整个信息传递过程包含了离散数据从信源出发,首先需要基于用户的认知特性对数据进行重构,建立数据信息的可视化结构,并进行图元编码映射,构成可视化界面,再通过设计界面中的视觉元素构建信息之间的内隐匹配,进而使用户通过与可视化的交互完成最终的信息解码(如图 1-1 所示)。因此,大数据可视化的复杂度可以从认知、数据、视觉、交互四个方面的复杂度分别展开分析。在此基础上,通过优化这些复

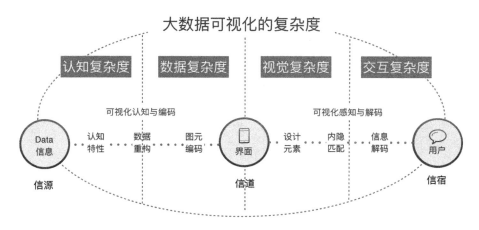

图 1-1　大数据可视化的复杂度构成

杂度因子之间的杠杆效应，不仅可以从根上分解大数据可视化的复杂度问题，还可以进一步展开可视化复杂度优化的方法研究。研究内容可以具体分成以下四个部分：

(1) 大数据可视化的认知复杂度研究

大数据可视化的复杂度研究是从用户认知维度分析用户认知大数据可视化过程中的复杂问题。围绕用户的认知加工过程与认知负荷，以及在这个过程中用户的典型认知机制，从用户角度分析可视化认知过程中的难点，从根本上解决大数据可视化的复杂认知问题。

主要研究内容包括：

① 分析大数据可视化的信息加工过程，建立大数据可视化的信息加工模型；

② 针对大数据可视化中的认知负荷进行分类，建立认知负荷结构模型；

③ 分析、梳理大数据可视化中典型的复杂认知机制，深入分析每一种认知机制的原理；

④ 通过分析认知行为与复杂度之间的认知机理，构建大数据可视化认知复杂度模型。

(2) 大数据可视化的数据复杂度研究

大数据可视化的数据复杂度是从数据维度来解析信息空间复杂度。在大数据背景下，可视化面对的是具有不规则、模糊性特征的信息，其特征为具有"时间、空间复杂度"和"海量呈现"的"高维数据"，而可视化界面中的图元表征就像个网络，是一种非线性的复杂关系。但用户一般很难直观、快速地理解三种维度以上的数据，因此，必须对大数据可视化信息空间的数据复杂度进行解析，逐步分解海量数据是如何进行视觉表征及该过程中的复杂度。

主要研究内容包括：

① 分析信息空间的复杂度，梳理复杂信息单元空间内的信息单元间相互关联程度，对信息节点进行重新整理和聚类；

② 提取数据结构及信息层级，建立基于认知空间的数据结构，并进行数据结构重构示例验证；

③ 分析数据结构与图元关系表征的复杂度，并通过实验研究多属性编码数量和叠加形式对于认知的影响。

(3) 大数据可视化的视觉复杂度研究

大数据可视化的界面图像复杂度也属于视觉复杂度范畴，与复杂度的本质属性和内在构成相关,需要对大数据可视化图像界面的视觉复杂度的构成元素进行深入研究,从根本上分解大数据可视化视觉层面的主观和客观的影响因素。

主要研究内容包括:

① 对视觉层面复杂度的争议展开分析和探讨,提出复杂度本质的假设;

② 对复杂度进行分层解构,并通过心理学的实验方法,结合主观评测、绩效分析进行验证;

③ 将实验结论应用于可视化的视觉复杂度中,提取影响可视化的视觉复杂度的属性,建立分层映射;

④ 结合眼动追踪的实验设计,对视觉复杂度的分层映射进行实验验证。

(4) 大数据可视化的交互复杂度研究

交互在用户大数据可视化中具有决定性的作用,是大数据可视化最终实现质量的重要评判标准。因此,大数据可视化的交互复杂度是从交互维度分析用户与可视化之间的交互动作、交互行为以及交互逻辑间的相互关系。

主要研究内容包括:

① 围绕对交互复杂度背后的成因进行分析与研究,分解交互复杂度的构成;

② 分别从对交互动作、交互行为以及交互逻辑三个方面分析交互的复杂机制,提出交互复杂度的优化方法;

③ 采用 CogTool 界面仿真软件对不同图表内在关联性、不同交互布局形式对于视觉动线的影响进行评估。

(5) 大数据可视化的复杂度优化方法及应用

① 基于前面的研究基础,提出整体复杂度的概念,提取不同复杂度因子,建立全局观下、多层次的"整体复杂度—认知机理—设计因子"的关系模型;

② 提出基于整体复杂度优化的设计方法、设计流程和逆向解析方法,并通过案例应用验证方法的有效性。

本研究中预计的困难与亟待解决的难点如下:

(1) 本研究本身面向大数据,这些复杂信息自身的结构空间和广度已经很复杂,且大数据还具有多维、高维、动态多模态等特性,从认知角度进行切入具有一定的难度,需要找到合理的切入点。

(2) 与可视化复杂度相关的潜在因素较多,既有主观因素如熟悉度,又包含大量客观因素,其中有些属性可以量化,有些属性难以量化,如交互方式的复杂度,因而这些复杂度问题需要抽丝剥茧展开逐层分析。

（3）本书研究的复杂度不是简单的图像布局复杂度，而是与认知行为密切相关的复杂属性因素，现有关于认知层面的复杂度研究极少，面向大数据可视化界面复杂度研究则更少，因此建立相关理论模型需要综合主观、行为、生理等多种手段来验证，工作量较大，需要逐步开展。

1.4 本书结构及撰写安排

本书以大数据可视化为背景，从可视化的特征属性、认知复杂度、数据复杂度、视觉复杂度和交互复杂度等多个方面研究用户认知层面的大数据可视化的复杂度。本书共分8章，按照"总—分—总"的形式展开，各章节的内容安排如下（如图1-2所示）：

第1章（绪论）：分析目前大数据可视化及复杂度相关研究的背景，提出把复杂度和用户认知作为切入点研究大数据可视化的重要意义。具体论述国内外相关学科的研究现状，阐述本书的具体研究内容、研究思路和主要框架。

第2章（大数据可视化的特征属性及复杂度分析）：分别从大数据中的数据和图像入手，解释了本书两个主要对象的分类及其特征，并对大数据的复杂度进行了初步的梳理和分析，提出了认知、数据、视觉和交互四个复杂度维度，且此章节作为后面的3~6章的理论基础。

第3章（大数据可视化的认知复杂度研究）：从用户认知的角度出发，对大数据可视化的信息加工过程、认知负荷构成和典型的复杂认知机制进行了分析和研究。针对可视化中的各种认知问题，从符合用户认知特性、契合认知规律的角度建立了可视化复杂认知模型，该章节是后续复杂度研究的理论基础。

第4章（大数据可视化的数据复杂度研究）：对可视化的信息空间的复杂度问题进行了详细概述，本章从优化信息单元的空间复杂度的角度提出了基于认知空间的数据结构，该结构可以从维度、层级、类别和信息源四个方面对数据结构进行重构，并基于R语言实现了对该方法。在此基础上，提出了基于认知空间的数据结构与图元编码表征映射关系，并通过实验进一步研究了图元编码表征映射时不同叠加数量级、叠加形式的条件下对认知绩效的影响。

第5章（大数据可视化的视觉复杂度研究）：针对视觉复杂度的主观和客观构成因素进行了分析和探讨，通过多个主观评价和行为及眼动实验对大数据可

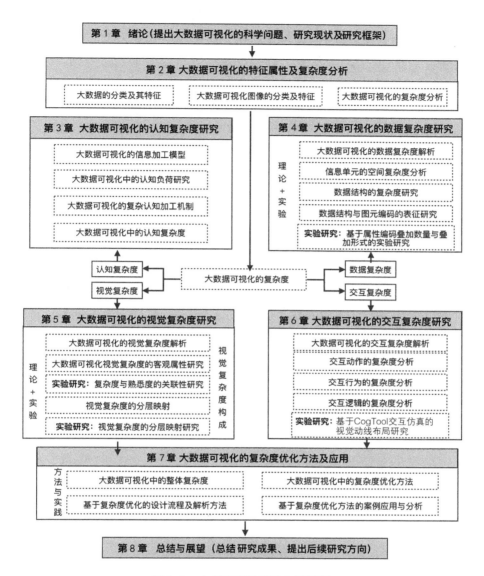

图 1-2　本书研究思路及主要框架

视化的视觉复杂度进行分层解构的研究,并将论证结果应用到大数据可视化的视觉复杂度中,建立可视化的视觉复杂度分层映射理论并通过实验进行验证。

第 6 章(大数据可视化的交互复杂度研究):对交互复杂度的构成进行分析、研究与分解,从交互动作、交互行为以及交互逻辑三个层面分别探讨了交互复杂度,提出交互冗余的概念,并采用 CogTool 界面仿真软件对不同图表内在关联性、不同交互布局形式对于视觉动线的影响进行评估。

第7章（大数据可视化的复杂度优化方法及应用）：本章对3～6章的研究内容进行了整合，提出了基于大数据可视化信息传递全局过程的"整体复杂度"概念以及其结构模型，并从信息对象、分层感知加工次序、图像属性多个层面描述了整体复杂度。进一步探讨了复杂度与冗余之间的关系，最终提出基于整体复杂度优化的可视化设计方法、设计流程和逆向解析方法，并将这些方法应用于实例。

第8章（总结与展望）：主要针对前面章节的研究工作、研究成果和创新点进行总结，并根据大数据可视化的未来发展趋势，提出可能的后续研究方向。

1.5 本章小结

本章针对大数据可视化、复杂度相关研究的发展提出面向大数据可视化的复杂度研究的重要意义，强调了复杂度是大数据可视化的核心问题。简要概述并总结了本书研究的背景和国内外研究现状：目前，涉及大数据可视化范畴内的用户认知与复杂度还较为少见，从认知角度展开复杂度的研究尚处于空白。此外，针对本书存在的问题，阐述了研究工作的主要内容及难点所在，并给出了本书的研究思路和整体研究框架。

② 大数据可视化的特征属性及复杂度分析

在分析大数据可视化的复杂度之前,需要对大数据可视化的数据及图像特征进行梳理,本章从大数据可视化中的数据和图像出发,阐述了数据的分类及特征、可视化图像的分类及特征。并提出了大数据可视化中的复杂度可以从数据结构、呈现形式、认知行为和交互方式四个维度展开,为后续的章节搭建了理论基础。

2.1 大数据的分类及其特征

数据是可视化最主要的主体也是最基本的对象,可视化的实施是一系列数据的转换过程,通过对原始数据进行标准化、结构化的处理后,再将这些数值转换成视觉结构。目前,对大数据的主流分类方法包括数据结构和数据类型两种划分形式。按照数据的结构形式可以分为:结构化数据、非结构化数据和半结构化数据;按照数据的基本类型可以分为:时空数据和非时空数据。[147]

2.1.1 结构化与非结构化数据

结构化数据指的是由二维表结构来逻辑表达和实现的数据,也称作行数据,一行数据表示一个实体的信息,每一行数据的属性是相同的,且遵循数据格式与长度规范,易于搜索,其格式非常多样,标准也是多样性的,主要通过关系型数据库进行存储和管理[148],例如字母、数字、货币、日期等。非结构化数据指的是难以由二维表结构来呈现的非结构化数据,而且在技术上非结构化信息比结构化信息更难标准化和理解,例如视频、音频、图片、图像、文档、文本等。

半结构化数据和上面两种类别都不一样,属于同一类实体可以有不同的属性,它属于结构化数据,但由于其结构变化很大难以建立与之对应的表结构,因此不能将这类数据简单地按照结构化数据来处理,例如邮件、HTML、报表、资源库、档案系统等都是属于半结构化数据。

2.1.2 时空数据与非时空数据

随着遥感卫星和4G网络技术的快速发展,现实数据中约有80%与地理位置有关[149],以及数据挖掘领域技术的成熟,大量的挖掘、分类、预测与聚类技术可以进一步挖掘出其中时间序列或空间结构相关的挖掘价值。由此,大数据又可以按照基本数据类型分为时空数据和非时空数据。

(1) 时空数据

时空数据是既包含时间维度也包含空间维度的复杂数据,本质上是非结构化数据,不仅包含时间序列模型,还存在地图模型,能够详细、快速地记录大量目标对象在过去、现在、未来的空间状态和时空变化。[149]例如,数据包含的定位点就是空间属性,而进入定位点的时间就是时间属性。

传统的可视化方法只能分开展示多维数据和时间、地理位置的关系,无法同时展示整段轨迹在相邻空间和时间上的变化特征。而时空数据可视化方法可以同时展现在空间和时间上的轨迹数据,让用户实时地觉察、理解和预测某特定阶段行为发生的态势,也可以在某个时刻查看某一对象的位置状态信息。[150]如图2-1所示的《旧金山某主干道交通拥堵可视化》,该可视化采用了轨迹墙和2D/3D混合的交互技术的方法[151],利用二维地图来展示地理位置信息,在2D基础上又增加了一个时间维度,并将数据按照时间先后顺序自下而上堆叠成轨迹墙,颜色表示平均速度的属性值大小,这样用户就可以直观地观察到包含空间、时间、地理维度上的某一轨迹。

大数据中的时空数据可视化具有时变、空变、动态、多维演化等特点,涉及时空数据中对象、过程与事件的动态关联映射、多维关联形式化表达与多尺度关联分析方法等。因此,时空数据可视化的研究重点主要集中在如何通过可视化设计从这些非线性、海量、高维和高噪声的时空数据中提取出价值信息等相关问题上。

(2) 非时空数据

非时空数据指的是同一时空下的数据集合,通常为包含时空属性但不包含在时序或者空间位置上变化的数据,如文件访问时间、地点等。常见的非时空数据主要包含层次和网络数据、文本和文档数据、跨媒体数据,以及高维多元数据等。

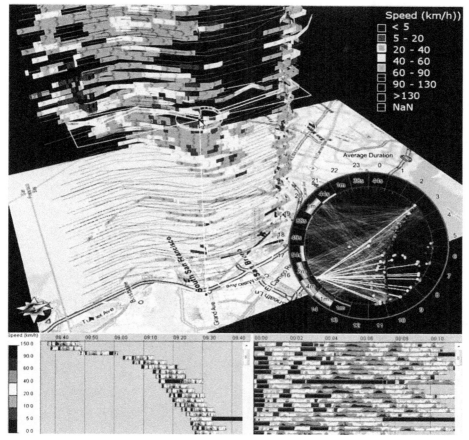

图 2-1　具有时间和空间维度的时空数据可视化示例
（图片来源：https://zhuanlan.zhihu.com/p/30715265）

2.1.3　数据的自身属性分类

按照数据的自身属性是否相似、是否存在顺序关系和是不是整数或者实数的三类属性可划分为：类别型、序数型和数值型。[171]可视化所包含的数据类型通常是这三种类型的组合。

（1）类别型数据

类别型数据指的是具有定性分类的数据信息，通常不包含定量信息。例如：网络应用可以分为社交类、游戏类、办公类等，但是根据类别，无法获取具体的比例数据。

(2) 有序型数据

有序型数据指的是具有次序关系的数据,可以用来比较数据之间的大小、主次等顺序属性。例如:根据应用软件的评分定义推荐顺序,排名第一的新浪微博大于排名第二的腾讯微博,但两者的具体差异是多少却无从知晓。

(3) 数值型数据

数值型数据比有序型数据包含更加详细的定量信息,指的是具有精确、具体数值的数据,可以比较数据之间的差异。例如:新浪微博的评分是 4.8 分,而腾讯微博的评分是 3.2 分。

2.2 大数据可视化图像的分类及特征

可视化图像是大数据最终的呈现形式,是数据与用户的沟通桥梁。大数据可视化图像可以是静态的,也可以是交互式的。根据可视化图像的发展历程、呈现形式和技术架构的不同,可以将可视化图像归纳为:仅可读的静态数据可视化、基于软件框架的数据分析可视化和交互式大数据可视化三种。这三种可视化图像在呈现数据时各自具有不同的特征。

(1) 仅可读的静态数据可视化

静态数据可视化的历史最为悠久,一般是以图表为主、图形和文字为辅的平面数据图。因此,数据图表是所有的数据可视化中最基本的组成元素。目前,常见的图表形式有 60 多种,例如:柱状图、直方图、饼图、等直线图、走势图、轨迹图、散点图、韦恩图和热力图等。

数据图表不仅可以直观呈现原始数据的属性值和特征,以及数据之间的关系关联性,还可以对数据进行结构化处理后使其具有清晰的逻辑结构。可视化中的数据图表的选择通常是根据可视化目的、数据的属性与特征的类型进行选择。如图 2-2 为 2013 年出生的全球各国家人群的平均寿命可视化示例图,该可视化中国家按照 y 轴排列,横向线条的长度代表了平均寿命按照,五个色块代表了对应大洲的分类,用户还可以根据生活条件、健康状况、教育情况以及各区域的特殊状况等进行细节数据读取。

静态可视化图像的优点是整个图像为静态图表,传播形式广泛,数据的呈现形式偏向艺术化,兼具功能和美感。但缺点是由于纸张或画面尺寸的局限,面对

2 大数据可视化的特征属性及复杂度分析

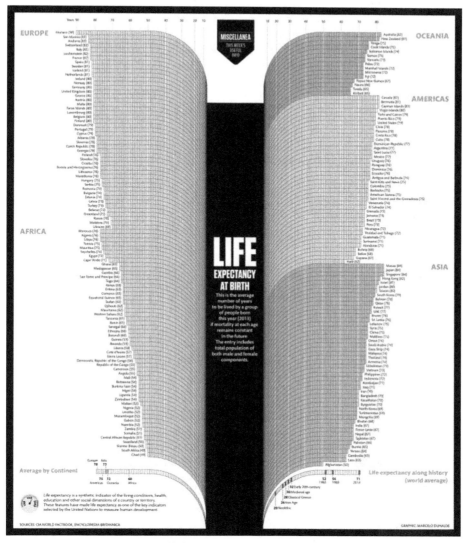

图 2-2 静态数据可视化示例（扫码看彩图）

（图片来源：https://blog.udacity.com/2015/01/15-data-visualizations-will-blow-mind.html）

大规模数据时，静态可视化图像的数据密度较高，可辨识度降低，对读者的专业性要求较高。

（2）基于软件框架的数据分析可视化

基于软件框架的可视化指的是用户可以直接进行数据导入、图表构建和分析的可视化软件。目前主流的软件框架可视化包括 Google Chart API、

Treemap、Flot、Gephi、ImagePlot、Crossfilter、Tangle,以及地图可视化工具 CartoDB、Charting Fonts、Modest Maps、Leaflet、OpenLayers 等。

图 2-3 是目前比较热门的在线可视化分析系统 Regional Explorer 示例图,该软件不仅支持地理信息可视化,还支持对多变量数据可视化分析,提供了非常方便的使用模式,包含了多个同步链接的视图,分析师通过不同的视图来观察数据中不同变量的分布和关联。

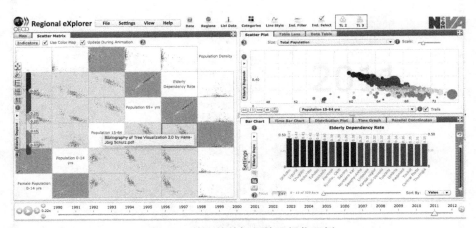

图 2-3 基于软件框架的可视化示例

(图片来源:https://zhuanlan.zhihu.com/p/41340163)

这些专业的可视化软件通常包含多个视图窗口,功能分布明确,用户可以根据需求的不同选择对应的软件类型,虽然操作需要一定的专业知识,但相对于通过编程软件来说简单很多。可视化软件的缺点是这些可视化的输出形式只能在图表库内选择,无法对图表形态进行重新编辑,缺乏美感且局限性较高。

(3)交互式大数据可视化

交互式大数据可视化的视图包含多个窗口,分布形式多样,用户对视图进行操作的常见交互动作包括:滚动与缩放、滑动与选择、关联数据控制、隐藏与展开,以及转换和跟踪等。如图 2-4(a)所示的牛津移民观察站的《2011 年英国人口普查统计结果可视化》,该可视化采用气泡图形式显示了不同区域的居民人口数据,有多个可以进行交互的控件,通过一系列的交互输入,用户根据需要可以进一步查看数据,例如可以选择从哪里到哪里的具体数据信息,选择地区可以是英国本土或来自其他地区等。图 2-4(b)显示的是点击图 2-4(a)中任意一个位置后弹出的两个交互窗口示例。

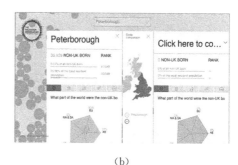

(a) (b)

图 2-4　交互视图示例

（图片来源：http://seeingdata.cleverfranke.com/census/）

交互式大数据可视化具有一定的时间连贯性及实时反馈性，可视化界面图像涉及的视觉结构与细节较多、交互形式也较复杂，用户通过交互可以对这些属性进行动态操作和分析，进一步地查看数据中更深层次的关联属性，通过这些关联性分析又可以获得更多的内在信息和潜在数据。从某种意义上来看，交互式可视化是将可视化图像与人机交互式界面进行有机结合，用户可以在图像中执行高级别的复杂推理与决策，因此，交互式可视化图像既是"图像"又是"人机界面"。

这种基于网页框架的交互式可视化的优点是：交互方式新颖、互动性高，便于用户操作和查看动态数据，并且数据可以采用一定的折叠方式进行隐藏。用户可以通过各种交互方式尽情深入探索图表和图形的细节，查看更多数据属性，甚至还可以更改数据的呈现形式，这些优势在多维数据呈现时尤为重要。因此，具有多视图整合和数据交互联动等特征的交互式大数据可视化成了当前主流的可视化形式，也是本书的研究重点。

2.3　大数据可视化的复杂度分析

在交互技术的多元化的发展下，大数据可视化的"复杂"不仅仅是数据本身的复杂，大数据最终呈现的信息种类越来越多，交互手段也越来越往动态、多维、多通道等复杂形式发展，因此，用户对大数据可视化的感知、分析和交互也是一个复杂的过程。对用户来说，简单的线性思维方式已经过时，他们面对的是复杂的、非线性的、随机的大数据结构与图像，需要新的认知理论和方法理论来展开研究。而从可视化的设计层面来说,大数据可视化的复杂度不仅发生在最终呈现界面图像中,还涉及整个信息传递和交互过程。基于此,关于大数据可视化的复杂度研究需要首先深入分析大数据的"复杂"所在之处,需要从用户认知的所有角度,即从认知、数据、视觉、交互四个方面一步一步分层解构这些复杂度,才能梳理出大数据可视化中影响用户认知的所有复杂度因素,这也是本书的核心思路。

2.3.1 认知的复杂度

大数据可视化与一般信息可视化的一个显著区别是,可视化的认知任务是多模态且实时变化的,用户在认知过程里不仅需要分析和掌握目标数据对象的发展规律,还需要预测相关数据的发展趋势并挖掘其潜在价值。面对复杂的可视化图表及界面形式,用户如何快速查询到需要的信息、如何看出信息的变化和规律、如何破解许多似是而非的关联关系、如何帮助用户做出行为决策、可视化中的重要信息如何抓住用户的注意力并进入工作记忆等,这些问题都与认知的复杂度息息相关。要找到这些问题的答案,需要针对性地分析大数据信息加工中各个模块的感知机制,深挖用户的认知行为。

认知的复杂度可以归纳为以下两个方面:

(1) 用户行为与认知机制的复杂度

大数据可视化与传统人机界面中的用户认知行为不同,可视化中的用户行为具有多样性、层次性、策略性、依赖性等特点。然而,现有的关于大数据可视化的用户认知研究方法都过于简单,对认知机制的描述过于宽泛,很多都是套用一般信息加工的认知行为,不能很好地对应实际中用户面对大数据图像的复杂认知行为。在认知大数据可视化的过程中,用户的行为既可能是围绕某一数据节点展开的因果任务,也可能是数据节点之间的关联性检索任务,例如通过几个维度可以更加清晰和准确地分析一个数据对象的全局信息。不仅如此,用户常常需要关注多个目标,或者是追踪随时间变化的变化趋势。因此,从用户的真实感受和实际体验出发,研究这些复杂的认知行为以及背后的认知机制是认知复杂度中需要解决的主要问题。

(2) 缺乏针对性的认知模型

可视化界面信息加工解码过程是信息从数据端到用户端流动的过程,不仅包含了用户对数据信息的感知、解码,还包括了从数据到图表,再到知识的信息转化,而一般的认知加工模型难以解释这些行为背后的机制。因此,需要建立具有针对性的用户认知模型,对用户认知需求、认知过程、认知负荷及认知机制等多个认知因素进行分析和整合,梳理各个阶段的认知特性和因果关系,研究各种不同的因素是如何构成用户认知过程中的复杂度,构建认知模型来最终分解用户的认知复杂度。

2.3.2 数据的复杂度

可视化是数据空间到图形空间的映射,大数据是由海量的数据及其复杂类型构成,包含各种高维数据、异构数据、多变量数据,不仅造成了原始数据的低价值,也意味着对大数据的处理和呈现本身就是非常复杂的。大数据到可视觉图像的转化过程是一个非常复杂的过程,导致了一个可视化界面的最终实现常常需要数据分析师和视觉设计师的合作,这也造成了很多可视化功能与视觉形式上的不匹配与不平衡问题(如图 2-5 所示)。

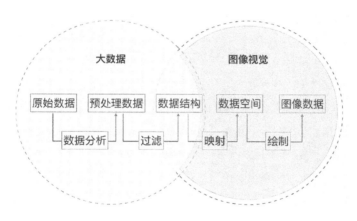

图 2-5 大数据到图像视觉的关联性

从认知层面分析,数据的复杂度可以归纳为以下三个方面:
(1) 信息空间的复杂度

大数据的数据本身是具有不规则、模糊性特征的信息,其信息空间中的图元表征就像个网络,是一种非线性的复杂关系,如何建立信息节点之间复杂关系的有效搭建,以及信息图元的复杂网络关系的表征,都与信息空间的复杂度息息相关。因此,从信息空间的复杂度入手,梳理信息单元的空间复杂结构,是解决数据复杂度的首要问题。例如,如何聚类相关的信息节点、如何表征大数据中复杂的图元网络关系,以及如何建立用户认知的数据结构等,这些都是与数据复杂度密切相关的问题。

(2) 可视化转换的复杂度

可视化转换是对大数据信息空间中的多维关联层次属性以及复杂空间结构进行合适的视觉设计,涉及了图形语言和视觉变量的编码设计,其中图形语言包含了点、线、面、网络、空间维度、动画等,视觉变量的编码包括形状、尺寸、位置、数值、纹理、颜色和方向等。此外,还需要满足视觉元素的物理表征与用户的心理表征对应一致,这就需要借助具象事物和抽象信息之间的接近相容性来设计视觉元素,并通过数值转换、抽象表达、映射转换来实现。因此,如何直观、有效地转换数据是视觉层面的主要复杂问题,需要更复杂的视觉编码策略来实现。

(3) 数据表征的复杂度

如何建立数据与图元关系表征的关联性映射,将人的感知和认知能力以可视的方式融入数据中,是数据复杂度的另一个研究重点。数据表征的复杂度涉及了很多问题,例如如何根据数据结构选择最匹配的图元关系,以及不同的图元关系之间是否存在复杂度的差异,这些都是解决大数据可视化中复杂度的核心问题。

以时空数据为例,空间数据的坐标需要采用多维坐标形式表征,数据信息的中的地理位置、分布特征和目标事件源又会随时随地理位置的不同而发生的变化。由于数据集自身的空间分布并不均衡,大量的数据元在数据密集区域容易出现相互遮盖、叠加的现象。例如,地球既可以是太空中的小蓝点,也可以随着画面的放大,变成陆地和海洋的组合,继续放大还可以变成无数形式,如从国家、省、州、市、区到街区。如何减少这种复杂度在数据空间中的重叠和交叉,这些都与数据表征的复杂度相关。

2.3.3 视觉的复杂度

大数据可视化的视觉设计是包含统计学、计算机图形学、认知科学、心理学、美学与设计学等多个学科的综合应用。大数据的视觉复杂度则是对数据信息内在的复杂程度的描述,与可视化图像界面中的各种构成元素及影响因素息息相关。视觉层面的复杂度与用户能否完成或完成某些信息获取过程中的操作,如信息感知、选择注意、空间分布、目标信息提取等的内在的困难程度密切相关。同时,视觉复杂度还影响视觉层面的可记忆性、快速识别等质量因素,以及注意

力、兴趣和愉悦度等情感因素。[152-154]

（1）复杂度相关属性的确定

与一般用户界面不同，交互式大数据可视化的界面图像不是静态的，它不仅包含大量的文字、图形、图表、链接等元素，而且这些元素在表述形式、层次结构以及位置布局上还存在着复杂的呈现关系。因此，首先要找出并确定在可视化界面中，哪些主观和客观元素影响了视觉的复杂度。针对如何确定适用于大数据可视化的视觉复杂度的客观属性，需要基于可视化本身的特征属性展开分析。

（2）布局形式的规律性与复杂度

大数据图像通常不仅仅是单一窗口的图像，特别是需要用户进行互动操作才能查看相关数据的可视化，通常包含多个窗口的布局形式，但是这些布局形式鲜有统一，一般都是由设计者基于不同需求、不同样式、不同关系进行不同的布置。因此，大数据可视化的界面布局形式几乎没用任何限制，难以归纳为某个或某几个类别。同时，随着近年来用户对界面的情感认知以及美学体验的发展，各种故事化、风格化、主题化的可视化布局层出不穷，一些优秀的可视化案例既能够吸引用户的眼球又可以很好地呈现主题，甚至有很多脑洞大开的布局形式。但是，从研究角度难以统一分析这些布局的构成和分布特点，难以科学地定性研究可视化的复杂度与布局之间的关联性，更难以进一步分析布局中的认知因素。因此，要解决视觉的复杂度，需要找到可视化的布局规律，这一规律可能是显性的，也可能是隐性的。

综上所述，视觉的复杂度涉及用户认知的全过程，直接影响用户的认知绩效和决策，与用户的注意力、兴趣程度和愉悦度等情感因素也相互影响，是整个可视化复杂度研究的重中之重。

2.3.4 交互的复杂度

在大数据可视化过程中，"人机"的沟通操作是通过不同的交互技术及各种交互方式来实现的，交互方式在大数据可视化中具有重要的作用，也是设计开发的重点，但目前，鲜有研究是针对大数据环境下的交互方式自身复杂度展开的。

从认知层面来说，可视化的交互不仅涉及操作层面的控件设计与操作，更涵盖了用户对于数据的感知性、可达性与获取性，简单来说就是一个交互方式有时候它虽然好操作（例如易操作、复杂度不高），但不一定是获取目标信息的最佳交

互方式(任务的实现性较差)。因此,交互的复杂度需要从梳理交互自身的复杂度和影响交互实现的内在因素两方面展开分析:

(1) 大数据可视化交互的复杂度构成梳理

交互包含交互技术、交互动作、交互行为、交互控件等多个因素,交互的复杂度与各类交互方式的适用场景及特征的语义一致性相关,还与交互各要素的设计语言是否易于用户学习、交互方式是否易于掌握等因素相关,影响着可视化交互执行过程中的难易度和流畅度,因此需要逐步分析大数据可视化的交互复杂度究竟是如何构成的,才能更深入研究大数据可视化的交互复杂度问题。

(2) 影响交互实现的内在因素

大数据可视化界面布局分布形式较多,窗口集中,控件的种类和数量也非常多,容易混淆、易出错。因此,需要深入分析在整个交互过程中影响交互实现的内在因素,这些内在因素并不存在于交互视图和交互控件中,而是存在于信息获取、信息过滤等交互的实现过程中,例如,不同的交互操作对目标信息进行过滤、筛选时的难易程度、多视角视图切换的连贯程度、图形与图表变化的自然过渡程度,以及视觉锚点的凸显程度等。

除此之外,在整个交互过程中需要包容用户交互前后的试错,包括探索性的操作、尝试性的操作、目标操作等,交互需要针对不同认知过程中可能发生的误触发、无意义操作及探索操作等交互行为设计相关的撤销、返回等容错性交互功能,最终降低交互执行中的复杂度。

2.4 本章小结

本章首先分析了大数据可视化的数据和图像的分类及其特征,将可视化图像归纳为仅可读的静态数据可视化、基于软件框架的数据分析可视化、基于网页框架的可交互式可视化三类,并依次分析了每种类型的特征。随后,对大数据可视化的复杂度进行了分析,指出大数据可视化的复杂度不仅发生在最终呈现界面图像中,还涉及整个信息传递过程,需要从认知、数据、视觉、交互四个方面逐层递进、分层解构其中与用户认知相关的复杂度问题。

3 大数据可视化的认知复杂度研究

认知是指人类对客观事物的感知、记忆、思维、想象、注意等心理活动的过程。大数据可视化界面的认知主体是用户，背后的海量数据通过视觉信息传达给用户，最终由用户进行感知与决策。这些由不同认知活动所消耗的认知资源量大小迥异，极容易造成用户认知负荷的不平衡。目前，现有的关于大数据可视化的用户认知研究都过于简单，认知机制的描述过于宽泛，很多都是套用一般信息加工的认知模型，不能很好地对应实际中用户面对大数据图像的复杂认知行为。因此，针对性地研究用户在面对大数据可视化中的认知加工过程，以及在这个过程中用户认知的行为特征，可以从根本上挖掘出用户对大数据可视化的内在需求。基于这些内在需求及用户的认知特性，可以建立典型的可视化用户认知模型，更好地从用户角度指导可视化的实施与呈现，最终为大数据可视化的认知绩效提出终极解决方法。

3.1 大数据可视化的信息加工模型

现有的数据可视化流程都是从"数据到用户"，围绕可视化的前端，鲜有可视化流程是从"界面到用户"的。目前，应用最广的经典可视化流程模型是 Card 和 Mackinlay[4] 提出，该流程展示了抽象数据是通过过滤阶段转化为视觉形式，然后再由渲染绘制阶段转化成可以交互的可视化视图，再最终呈现给用户（如图 3-1 所示）。

此外，一些学者也从不同角度提出了可视化的处理流程，例如 Stolte 等[155] 的循环型可视化流程和 Munzner[156] 的嵌套式可视化流程。但是，从这些流程中看不到任何用户感知、接受、读取大数据可视化的过程。对于用户究竟是如何进行可视化的数据读取、分析和解码的，目前一直没有建立一个标准化的流程。因此，本节从最基本的信息认知加工的角度出发，研究用户对大数据可视化的认知加工流程。

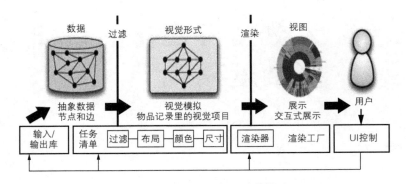

图 3-1　从"数据到用户"信息可视化流程

（图片来源：Card 和 Mackinlay）

3.1.1　信息加工的基本过程

信息加工理论是人在学习新东西过程中的方法分析,信息加工是信息如何在人脑中被接收、处理、存储和检索的过程,任何进入大脑的新信息都要先进行分析,然后通过几个加工模块,存储在记忆中。最经典的信息加工模型是由 Miller[186]、Newell 和 Simon[157-160]等美国心理学家于 20 世纪 60 年代提出,如图 3-2 所示。根据信息加工模型,人在认知信息时所采用的思维方式、规则和策略与计算机在信息处理与分析过程上非常相似,通过与计算机模型进行比较,人在接受新信息时大脑对信息的处理过程已直接模块化。

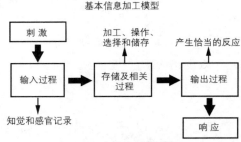

图 3-2　基本信息加工模型

（图片来源：Newell 等）

信息加工理论可以将人的认知行为模块化,通过分解和分析其中各个固定模块的感知机制,对人的行为进行比较、模拟和预测,从而进一步挖掘用户的心理活动规律。同时,通过改变这些机制和规则还可以增强人的信息处理能力,帮助其更快地学习新事物。因此,建立针对大数据可视化的信息加工特性的信息加工模型对于大数据可视化的信息加工研究尤其重要。

3.1.2　用户调研与专家访谈

正如 2.3 节中提到的,大数据可视化的复杂度包含了数据、视觉、认知、交互四个方面的复杂度。从数据角度看,大数据的信息属性包含类别属性、层级、信息源、维度等,较一般感知过程更复杂难懂;从视觉角度看,可视化的视觉界面通常采用静态和动态结合的形式,结构包含了多个视图、多个维度信息的平行展示;从交互角度看,用户的交互操作种类多且复杂,还需要考虑不同交互动作与适用场景的匹配性;此外,交互行为不仅受目标任务执行过程中的复杂程度影响,还涉及当前的交互方式与用户需求中的交互方式的匹配程度。

基于这些复杂因素,用户对大数据可视化的信息加工过程区别于一般的信息加工过程。它是一种更复杂的信息加工过程,需要以一般信息加工过程为基础,从大数据可视化的自身特点出发,对用户的信息加工行为进行提炼,研究其具有针对性的典型信息加工过程,建立具有针对性的大数据可视化的信息加工模型。

由于这种信息加工过程通常由推理得出,为了进一步理解用户的认知过程和信息处理过程,我们需要了解用户在面对大数据可视化的认知过程中的关键步骤(事件),了解用户如何浏览、感知可视化界面信息,如何对其中的交互信息进行感知和判断,以及用户是如何利用这些信息进行决策并作出相应的反应。于是,研究首先针对现有的部分主流的交互式可视化案例进行了用户调研与专家访谈。调研共选取了 18 个业界评价较高的交互式大数据可视化,部分示例见图 3-3。

(a) 网络的演变
(图片来源:http://www.evolutionoftheweb.com/? hl=zh-cn)

(b) D-Map:社交媒体中心用户信息传播可视化
(图片来源:http://vis.pku.edu.cn/weibova/dmao)

(c) 宇宙星系网络可视化
(图片来源:http://cosmicweb.barabasilab.com/)

(d) 世界经济人口双边关系
(图片来源:https://viz.ged-project.de/)

(e) The Evolution of Music Taste
(图片来源:https://pudding.cool/2017/03/music-history/index.html)

(f) GapMinder
(图片来源:https://www.gapminder.org/tools/? from=world#$chart-type=bubbles)

(g) Airbnb：San Francisco
（图片来源：https://public.tableau.com/
zh-cn/gallery/airbnb-prices-san-francisco）

(h) 2011年英国移民数据可视化
（图片来源：http://seeingdata.
clevefranke.com/census/♯）

图 3-3　用户调研采用的部分可视化示例

调研邀请了 30 名普通用户（均为设计系学生）和 8 名可视化设计师分别对这 18 个交互式可视化进行实际操作，并根据可视化主题设定对应的任务，如数据的浏览、查找、点击图标等，测试时记录用户的操作过程。在用户操作时，笔者需要记录用户的基本操作过程；在测试后的访谈时，用户需要回忆并复述出他们的认知步骤并列举其中的重要环节。此外，还针对各可视化的交互复杂度、交互执行复杂度、交互行为与用户任务需求的匹配度等多个指标进行 5 分制李克特量表评分（这一部分具体的结果分析见 6.3.3 小节）。根据用户的复述记录用户的信息加工过程后进行汇总、整理，后将所有汇总的资料与可视化专业设计师进行了交流和探讨，精炼出用户的认知过程中的关键步骤。

3.1.3　大数据可视化的信息加工过程

通过用户调研和专家访谈的结果进行总结和归纳，针对大数据可视化的信息加工过程可以基本归纳为以下九个阶段。

第一阶段：全局概览

所有用户在一开始，都会观察整个可视化的界面布局和信息分布，了解可视化的主题与主体元素。

第二阶段：分区浏览

大数据可视化视图常包含多个视图区域（窗口），用户通常会在全局概览后展开分区浏览。首先会关注动态区域，其次是各个静态区域。这个阶段感知记忆开始工作，涉及注意力资源分配。

第三阶段：关联构建

在了解并将各个视图（窗口）区域的主要信息进行感知记忆储存后，用户开始初步建立起各个区域之间的信息关联。

第四阶段：交互感知

用户在这个阶段，首先会对目标对应的操作控件进行图示感知的匹配，随后建立视觉语言与交互动作之间的映射关系，回忆并熟悉相关的操作步骤。这里涉及了从长时记忆中搜索相关知识带入工作记忆中，新的知识通过与记忆系统中的信息和模式进行比较和匹配。

第五阶段：目标搜索与定位

在这个阶段，用户通常会预先设定并记住目标对象的基本特征，对目标形成特定的"模板"并储存在视觉工作记忆中，当用户在整个可视化中寻找目标对象时，模版会引导其注意优先偏向目标刺激，并不断地将视觉信息与目标"模板"进行比较和辨认。随后，用户的视觉路线会定位到目标所在区域，并对目标区域中交互方式和控件功能的视觉语言进行初步感知。

第六阶段：交互实施

用户在交互动作的筛选后实施相应的交互动作，进行信息的过滤、筛选，随着用户的操作执行，可视化界面中也会出现对应的关联反馈，相关区域的图形、图示、色彩都会发生实时变化，这些变化对用户的注意力进行捕获，使用户的视线随追踪目标对象变化。

第七阶段：视觉映射

这里开始进入深层次认知阶段。用户对目标对象的图形变化进行语义转换与可视化解码，这个阶段会调用长时记忆中熟悉的图示理论对视觉信息进行匹配，再将抽象的视觉变化映射、转换到数值信息的变化，完成目标数据信息的读取。

第八阶段：判断与决策

用户通过视觉映射的转换获取这些信息变化后，用户开始进行信息解码，深入思考并进行信息的比较、推理、判断及决策。如果是察看或探索任务则完成一轮信息认知，如果是多目标、多维度的数据比较等复杂任务，用户需要进行多轮信息认知的循环，随后会进入下一个目标对象的新一轮目标搜索与定位阶段。

第九阶段：反应及操作

在完成任务所需的所有目标的判断与决策后，用户进行反应操作并实施方案，完成一轮信息的认知加工过程。

由上述九个阶段的内容可以看出，大数据的信息加工过程中存在多种典型的信息加工行为，例如第三阶段的关联构建、第七阶段的视觉映射和第八阶段的判断与决策。这些行为在一般的人机界面中并不需要，而在大数据的认知过程中具有举足轻重的作用,需要进一步展开研究。

3.1.4 大数据可视化的信息加工模型

通常,大脑信息解码的过程可以分为信息的输入、加工、贮存和输出四个部分。[135]考虑到在第三阶段的关联构建、第七阶段的视觉映射和第八阶段的判断与决策中,用户的信息处理与记忆储存的两个认知过程是相互交叉的,本研究将大数据可视化的信息加工过程划分成三大模块:信息输入、信息处理与信息储存、信息输出;其中,全局概览、分区浏览、关联构建对应了信息输入阶段,目标搜索与定位、交互感知、交互实施、视觉映射对应了信息处理阶段,判断与决策、反应对应了信息输出阶段。同时,用户的注意力资源在整个可视化信息处理过程中是有限的,主要集中在感知、决策与反应选择、反应执行三个部分,涉及了短时记忆、长时记忆和工作记忆。因此,如何分配注意力资源对整个信息加工过程有着举足轻重的影响。

通过上述分析,并结合 Miller[186] 和 Newell[157]、Wickens[161] 的信息加工模型,以及 Atkinson 和 Shiffrin[162] 的记忆模块模型(Models of Memory),本研究提出了大数据可视化的信息加工模型(如图 3-4 所示)。

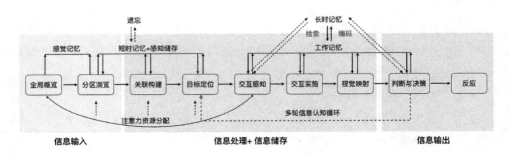

图 3-4　基于大数据可视化的信息加工模型

该信息加工模型是针对大数据可视化提出的,与一般信息加工模型的主要区别如下:

(1)信息处理模块多且复杂

一般信息加工模型的认知对象比较简单,信息量和信息结构单一,加工模块在 5~6 个左右,而大数据的认知过程更复杂,模块划分更多且更复杂,模块涉及的信息加工更细。相较于一般人机界面,大数据界面并不属于"所见即所得"的视觉形式,例如:视觉映射模块是大数据认知模型特有的,这些图表背后的数据信息需要用户通过视觉映射的图形语义转换才能获取。因此,在整个信息加工模型中复杂认知加工较多,信息处理模块多达五个,且都涉及了更多的高级认知功能,例如推理和推断。

(2) 注意力资源与需求的高竞争关系

在大数据可视化的信息加工中,注意力资源分配涵盖了整个信息加工的前五个阶段,从全局概览、分区浏览、关联构建、目标搜索与定位到交互感知,每个阶段都需要用户投入注意力资源。以分区浏览为例,这一阶段的视觉注意就涉及了选择注意、聚焦注意、分割注意和持续注意四种形式。背后的原因正是大数据的复杂度造成的视觉层面的注意力竞争。此外,动态形式的可视化还会将有限的注意力资源分配到同时发生的凸显目标中。

(3) 记忆加工对各模块的影响更复杂

大数据的认知过程是一个包含高级认知的学习、理解与执行的过程,其中工作记忆这一角色占据了很大部分,有着举足轻重的地位。该模型中明确指出了记忆在不同阶段的不同特征:在全局概览阶段,概览信息首先被存储在感觉记忆中,它提供了对传入刺激的初始筛选和处理;在分区浏览阶段,感觉记忆与用户浏览的信息相互作用,并帮助用户建立各区域之间的联系、决定什么区域是重要的,被注意选择的信息将进入短时记忆;在关联构建阶段和目标定位阶段,用户对目标相关信息进行感知储存。在这期间的每个阶段,用户的短时记忆都可能被干扰、遗失,用户需要把注意力集中在重要的信息上。在交互感知阶段短时记忆转化为工作记忆,工作记忆使用频率高,涉及多个模块,最终通过编码到达长时记忆。

通过对典型的大数据可视化信息加工模型的建立,我们可以清晰地梳理出用户的复杂认知加工过程,并通过其中各个模块的认知特性来提高用户的认知表现,优化深层次认知中的各种问题理解,以确保所有用户都在每个模块中正确感知信息。

3.2 大数据可视化中的认知负荷研究

数据图表所呈现出的数据属性值和数据之间的关联性是可视化传达的最终

目的,通过这些图表中的具体的数值、比例和关系,用户可以读取所需要的数据信息。不同类型的数据通过对应类型的数据图表进行属性值呈现,通常会随着数据自身特性、可视化主题以及布局形式等因素出现多种呈现形式,例如以背景形式、弹出窗口、多个数据图表平铺或是叠加出现。因此,大数据可视化不仅数据结构复杂、任务类型多样,可视化呈现形式也繁多复杂,用户从众多信息中快速、准确地选择目标本身就非常困难。而从前一节提出的可视化信息加工模型又可以看出,用户的认知过程也非常复杂。在这样一个动态、多变的认知过程中,注意力资源和工作记忆资源需要同时处理多个图表、图示信息,且不同认知行为和任务活动所消耗的认知资源量各不相同,这些因素都容易造成用户的工作记忆和视觉注意发生过载,认知负荷即随之产生。

3.2.1 大数据可视化中的认知负荷及分类

认知负荷理论最早由心理学家 Sweller 于 1988 年首次提出,他把某个特定时间内个体认知系统的心理活动总量定义为认知负荷,当任务所需的资源总量过高就会引起认知负荷的过载,并根据依据认知负荷的形成特征进一步分成内在认知负荷、外在认知负荷和关联认知负荷三种类型。[163]在 Sweller 的基础上,Pass 和 Merrienboer[164]提出认知负荷是由多维度构成的,并提出了认知负荷结构模型,模型从任务环境特征、用户主体的特征,以及任务与用户之间的交互作用三个方面描述了认知负荷的因果维度(如图 3-5 所示)。[165]

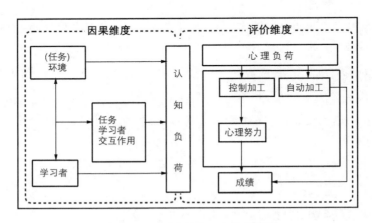

图 3-5　Pass 提出的认知负荷模型

(图片来源:Pass)

基于上述研究所提出的认知负荷形成的理论及因素模型,再结合可视化中的信息加工特性,大数据可视化中的认知负荷也可以归纳为Sweller提出的三种负荷类型中,按照外在认知负荷、内在认知负荷和相关认知负荷进行分类。在可视化的认知过程中,这三种认知负荷之间相互影响、相互关联、相互制约,并随加工任务进程的变化呈此消彼长。具体说明如下:

(1) 可视化中的外在认知负荷(Extraneous Cognitive Load,ECL)

在大数据可视化中,可视化的呈现方式是影响认知负荷的外部因素,也是可视化中重要的可控变量,主要与呈现形式、信息架构和交互方式的复杂度相关。当可视化的呈现方式不利于用户的图式加工与构建时,用户就会受到一定阻碍,所引起的外在认知负荷就会变大,反之则变小,如视觉信息传递渠道不畅通、呈现形式设计差、交互方式过于复杂等。

(2) 可视化中的内在认知负荷(Intrinsic Cognitive Load,ICL)

在大数据可视化中,内在认知负荷是由可视化本身的复杂程度与用户原有知识水平决定的。可视化本身的复杂程度包括:数据本身的复杂度、任务自身的复杂度以及认知图示的可达性三个因素,同时这三个因素也是形成内在认知负荷的主要制约因素。对于用户来说,当用户长时记忆中具有与图式建构相关的知识越多,可视化认知任务越简单,那么所需要占用的认知资源就越小,内在认知负荷就越小。因此,用户的认知能力和认知方式是影响内在认知负荷的因素,也是可视化中的不可控变量。

(3) 可视化中的相关认知负荷(Germane Cognitive Load,GCL)

相关认知负荷又叫有效认知负荷,在大数据可视化中指的是用户将没有使用到的剩余认知资源用于更加高级的认知加工活动(如信息重组)所产生的认知负荷。相关认知负荷通常不会影响用户对当前信息的处理行为,有时还会促进用户的认知绩效。

3.2.2 大数据可视化中的认知负荷结构模型

大数据可视化中的信息过量会直接引起认知负荷过载的现象,导致注意资源分配不足、记忆资源分配不足,用户的准确率降低、反应时间变长、绩效低等失误;而另一个极端情况是信息量过少,也容易造成认知负荷过低的现象,用户的注意力不集中、记忆迟钝,容易导致敏感度降低、工作消极、信息漏失等失误。合理均衡的认知负荷对于用户的认知复杂度有着重要影响。

因此，基于前一节归纳的认知负荷分类，本研究提出基于大数据可视化的认知负荷的因果及评价模型，模型对认知负荷评价维度中的心智负荷、心智努力和绩效进行了具体评价因子的扩充（如图3-6所示）。

在因果维度，用户的能力与认知方式所造成的内在认知负荷难以改变，但是从降低认知负荷的角度来说，由可视化的呈现方式造成的外在认知负荷需要尽可能地降低，由剩余的认知资源造成的相关认知负荷需要尽可能地增加，并且使总的认知负荷不超出用户自身能承受的认知负荷总量。

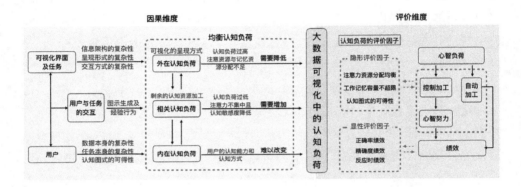

图 3-6　大数据可视化中认知负荷的构成及评价模型

在评价维度，用户的心智负荷是由任务或环境需要产生的，这对于给定任务来说是固定的；心智努力指的是实际提供来满足任务需求的能力和资源的量，反映了个体所从事的控制加工的量，与注意力资源分配、工作记忆容量相关；绩效水平与用户最终的反应结果直接相关。本研究将认知负荷的评价因子分成隐性和显性两种评价因子。隐性评价因子可以通过注意力资源分配的均衡性、工作记忆容量是否超限和认知图示的可得性来展开评价。显性评价因子则可以直接根据绩效的测量水平来进行评价，如正确率、精确度和反应时。

基于大数据可视化中认知负荷的因果及评价模型，可以看到整个可视化中认知负荷的层次结构，从因果维度出发，设计者可以通过任务负荷与认知过程交互进一步分析出用户的信息解码过程，为可视化界面的信息编码提供科学的呈现方式。从评价维度出发，可以根据隐性和显性两种评价因子，来进一步度量和评价用户认知可视化过程中的认知负荷。

3.3 大数据可视化的复杂认知加工机制

大数据可视化的复杂度不仅与认知负荷的构成密切相关,还涉及了分布式的认知加工过程。相较于传统认知理论中仅研究人的认知过程和认知活动,分布式认知理论则强调外部表征因素对于用户认知活动的影响以及交互共同体或协作共同体的重要性,主张认知过程在认知系统的操作中存在分布,需要进行内在结构与外在结构的协调。因此,可视化中的分布式认知是包含了对用户的内部表征和对可视化呈现出的外部表征的两种信息的共同加工过程,即可视化中的各个构成要素都各自与用户认知发挥交互作用。而在所有的可视化构成要素中,用户最复杂的认知活动主要发生在用户与界面布局、空间维度、目标信息、属性变化和图表这五个要素的信息交互中。

基于前两节提出的大数据可视化的信息加工模型和认知负荷结构模型可知,大数据可视化不仅在信息加工过程中呈现出复杂的认知模块,用户的认知负荷构成也十分复杂,用户在认知过程伴随着各种复杂的认知机制(也被称为心理机制),且这些认知机制与一般人机界面的认知机制存在很大差异,需要进一步深入研究。基于此,通过分析和归纳,本研究提出五种典型的大数据可视化复杂认知机制:组块化认知机制、多维空间认知机制、多目标关联认知机制、动态追踪认知机制和"自适应"的图示认知机制。

3.3.1 组块化认知机制

"组块"一词最早是由 Miller 提出的心理学概念,指的是较多信息可以被"组"化或者"块"化成为更少的信息量,以便更容易地进行信息加工。[144,166]大数据可视化的界面通常包含大量的色彩、文字、图标、图形等视觉元素,无论是全局概览还是分区浏览阶段,用户很难一一将所有的元素全部浏览一遍。可视化的认知通常带有一定的任务输入作为开始,这种认知行为属于自上而下,即由认知任务促使人眼注意到视觉中的信息相关区域,若当前属于无任务输入的,这种认知行为属于自下而上,知觉系统受输入信息的特征属性引导,即由可视化界面中各类元素的视觉凸显性主导。从用户感知角度分析,知觉包含了对感觉信息的组织和识别,用户这种初期的知觉过程是主动的、积极的、有选择性的。结合 3.1.2 小节中的用户调研分析得知,用户通常都是粗略扫视后将界面分成多个子区域,这种划分会把相近的视图组成一个整体的部分,再进行后面的认知加工。

针对用户这种对可视化界面的"主动重组"行为,本节结合 Chunk 理论与用户的真实认知行为,推理出一个基于大数据可视化的典型认知机制:组块化认知机制(如图 3-7 所示)。可视化用户的组块化认知机制主要发生在全局概览和分区浏览这两个早期认知阶段,此时用户的认知分区并不一定按照可视化界面原有的区域或窗口的划分进行认知,而是根据格式塔原则中的接近性、相似性、连续性、闭合性等原则,以及主观的认知习惯和视觉感受,来进行界面布局形式组块化的拆分和聚合。

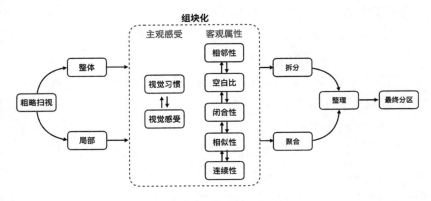

图 3-7 组块化认知机制

组块化认知机制背后的成因在于人的视觉加工是分成前注意阶段和选择注意阶段,前注意阶段中视觉会自动将信息组织成物体和物体群组,来减少所需的注意需求。该机制的功能在于可以帮助用户快速感知可视化的整体界面,更快地储存到感觉记忆中,减少全局概览和分区浏览阶段的认知负荷。同时,组块化是建立在素材本身的"有意义"性质上,即只有具备熟悉性和经验性的基础上才可以进行组块化,而用户对大数据布局形式的初步认知也是建立在这种熟悉性和经验性的基础上。

3.3.2 多维空间认知机制

正如 2.1 小节中提到的,大数据不仅包含大量多层次、结构复杂的信息数据,还包含了很多时间序列数据、空间状态和时空变化数据等数据信息,但由于可视化界面尺寸的有限性,当呈现形式复杂、数据维度过多时,容易出现遮挡、叠加、覆盖等视觉干扰,不仅用户难以直接获取全部的有效数据信息,容易导致用户认知流不清晰,还会引起用户的注意力分配不均,造成用户信息解读中断。

因此,这类多维空间可视化通常采用可交互的动态多维形式进行展示,以增加额外的空间视角。但需要注意的是,大数据可视化呈现出的多维空间并不是真实场景下的多维空间,实际依然是在二维平面内采用多维技术呈现的,需要用户通过多个角度进行信息解读。但这种基于在二维界面中构建的多维空间无疑增加了用户的认知难度:如果这种多维呈现技术的控制方式较少,用户难以建立立体的空间想象;如果增加过多的控制方式容易缺乏视觉引导,容易引发交互障碍,导致不同视图之间的信息关联性变差、视图变化不连贯等问题。而上述这些问题和这些数据都涉及了多维的空间认知问题。可视化中的空间认知是对视觉空间中的组织结构与关系进行逻辑判断、归纳、推理与分析后,最终形成有关空间的多维度认识。在这一复杂的认知过程中,需要建立具有针对性的认知机制来解读用户在多维空间视觉信息表征形式下的认知行为。

基于上述分析,本节结合相关空间感知理论、空间认知模式与用户的真实认知行为,提出第二种大数据可视化的典型认知机制:多维空间认知机制(如图3-8所示)。

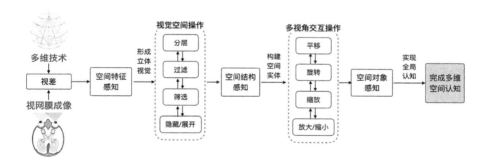

图 3-8　多维空间认知机制

该机制将多维空间的认知分成空间特征感知、空间对象认知和空间结构认知三个层次。视觉系统首先对可视化中由多维技术呈现出的空间特征进行感知,形成视网膜成像中的视差,大脑再进行复杂运算形成立体视觉;随后,用户通过对视觉空间的分层、过滤及筛选等操作进行空间结构的感知,并基于关系知识及经验,通过想象在大脑中构建空间实体,这是大脑中完成的一个升维过程;最后,用户对多维空间进行平移、旋转、缩放等多视角交互操作,实现对目标空间对象的感知,完成多维空间的全局化认知。

在可视化中,基于空间特征的感知形成立体视觉是多维空间认知中的首要条件。用户所感知的三维信息是由视觉系统对可视化图像中多维成像技术的视差所构成的,不同的视觉表达形式会带来不同的空间感知差异。例如:辅助线、参考线、光照、阴影、透视、虚实结合等视觉表现形式可以在用户视觉中形成视网膜成像中的视差,从而有效地帮助用户进行视觉空间增维。如图3-9中,(a)(b)(c)分别代表了三种不同的空间表现形式,图(a)所示的是一个简单的轮廓图形,既可以把它看成由内到外平铺的三个不同大小的正方形,也可以看成由近到远的三个同样大小的正方形,这需要用户的主观感知;图(b)中加上了虚线作为空间参考线,在人眼观察时较图(a)更有立体空间感;图(c)在图(b)的基础上增加了透视表现手法,三个正方形的颜色随着距离减淡,且带有一定的视角变化,这时人眼可以一眼感知这是由近到远的三个同样大小的正方形。

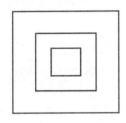 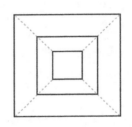 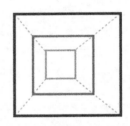

(a) 简单的轮廓图形　　　(b) 轮廓图形+空间参考线　　　(c) 轮廓图形+空间参考法+透视手法

图3-9　基于不同视觉编码的空间维度感知差异

图3-10中同样是用圆形散点图作为图示,图(a)中只显示数据点,难以具体感知多个对象之间的空间距离和位置差异,而图(b)增加了背景参考线,可以非常明显地感知到点与点之间的距离和位置的差异。

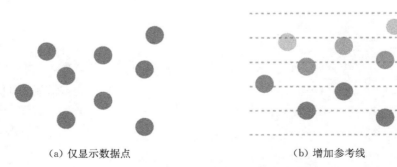

(a) 仅显示数据点　　　　　　　　　(b) 增加参考线

图3-10　基于不同视觉编码的位置远近感知差异(扫码看彩图)

由此可见，多维空间认知机制为多维可视化提供了指导，基于多维空间认知机制的设计方法设计相关的视觉表现形式，可以帮助用户更好、更快地进行多维空间认知。

3.3.3 多目标关联认知机制

在可视化中，可视化中用户所要进行注意力分配的信息包含三种：目标信息（用户点击位置的信息）、关联信息（与目标信息相关的信息）和非目标信息（与目标信息无关的信息）。而在传统的人机界面中，注意力分配仅在目标信息和非目标信息之间竞争，可视化中用户所要进行注意力分配的信息多了一个分类：关联信息。在可视化中，关联信息处于次于目标信息的关系，与目标信息的位置不一定相邻，其特征也不一定与目标信息完全一致。用户点击一个信息单元后，界面有时会同时呈现多个关联的信息单元，或是多个窗口呈现多个关联的维度信息。用户需要并行加工这些关联信息，有时候还需要一边操控一边快速观察。因此，对于关联信息如何被有效地注意、感知，是可视化值得研究的问题。

从视知觉的角度来分析，人的视觉系统无法同时加工所有进入视觉系统的对象，只有通过选择性注意筛选的对象才能成为目标对象，被优先进行加工。而非目标的对象不会对注意选择产生影响，甚至会主动抑制注意力。同时，在多目标视觉任务中的视觉系统一般采用知觉组织加工策略，眼睛的注视点则会非常接近由这目标点构成的几何图形中心，便于将注意分配到多个目标上。当视觉系统中的目标数量逐渐增加，用户可以分配到每个目标的注意资源也随之不断减少，获得较多注意力资源的目标比获得资源较少的目标更容易被有效加工。但要注意的是，心理学中的多目标追踪一般为简单的字母或图标，而可视化中的各类目标信息特征复杂，被试在追踪目标的同时还要努力记住这些复杂的特征属性，因此这种记忆加工会反过来影响对追踪任务的加工。

由此，本节提出第三种大数据可视化的典型认知机制：多目标关联认知机制（图3-11）。在这种认知机制下，用户需要捕捉多个视图中的多个对象及其关联变化和位置信息，需要将视线从一个位置努力转移到其他多个位置，找到并记住多个目标的自身属性、位置属性和它们之间的关联属性，通过认知整合后，进行同一个判断和反应。在这个过程中，认知绩效受到注意资源的限制，注意力资源需要在这些对象间进行分配，当目标数量变多时，分配到目标和非目标上的注意资源也会发生变化，认知过程中获得资源较多的目标更容易被有效加工，而获得资源较少的目标则容易被视觉遗失。如果还需要对多个目标同时进行数值比较等深层次加工任务，任务之间还会相互竞争工作记忆资源。

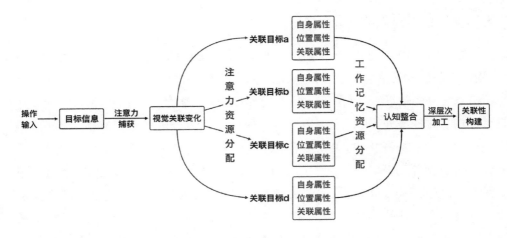

图 3-11　多目标关联认知机制

该机制背后的成因还与平行加工理论有关。平行加工指的是同时执行多个任务的认知加工，与一次只执行一个任务的序列加工相比，平行加工往往存在资源重叠的干扰冲突，需要尽可能地减少关联目标与目标信息之间注意资源的流失。例如，如采用更亮、闪现、色彩凸显或形状凸显等知觉特性来凸显目标，或者是采用相似刺激，可以在视觉搜索中更容易获得竞争优势。

多目标关联认知机制提出有助于可视化的目标形式的视觉设计，比如关联目标应尽量采用与目标信息相近的特征，可以参考多种形式的视觉凸显，如空间相近、色彩相似、共同客体、同质特征等方式，以避免注意力资源的冲突和流失。同时，必要的线索提示能够引导用户朝向关联信息的位置，这样也能有效帮助关联信息得到更多的注意力分配。

3.3.4　动态追踪认知机制

大数据可视化的信息空间巨大且复杂，其所包含的庞大数据信息和复杂的数据关系难以在有限的可视化图中进行完整展示，如果仅仅采取静态图片逐页呈现，用户难以及时建立对应信息的关联性，且容易在这种复杂的信息空间中迷失。因此，这些多层次、多维度且叠加的复杂信息结构，以及相关的次级信息和拓展信息通常会以收缩式、跳转等"触发—出现"动态交互形式进行呈现,且很多信息的属性是持续动态变化的,用户需要在这一过程中对其进行动态追踪。

在大数据可视化中的视觉追踪不仅包含单一界面中移动的目标,可视化界面的本身也会发生变化和跳转。因此,用户需要跟踪的对象不仅数量多,范围也变得更大更广。基于此,本研究在视觉追踪理论的基础上,结合大数据中动态信息的特点与用户的真实认知行为,推理出第四种基于大数据可视化的典型认知机制:动态追踪认知机制(如图3-12所示)。动态追踪机制是视觉系统对动态变化的目标对象的持续追踪过程。在这个过程中,注意资源的分配包含了基于对象特征的注意和基于运动空间的注意,用户的视觉会对动态目标进行检测、提取、识别和跟踪,并对运动空间进行解构与分析,最终实现对目标自身属性、运动参数和空间位置的多种变化特征进行整合的认知加工。

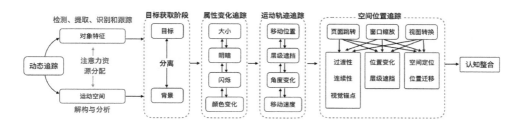

图3-12 动态追踪认知机制

根据可视化的视觉属性特征,可以将动态追踪认知机制分成四个阶段:目标获取、属性变化追踪、运动轨迹追踪和空间位置追踪。在目标获取阶段,视觉系统需要将可视化中的目标与背景进行分离;而属性变化追踪阶段,视觉系统需要追踪目标自身的属性变化,如大小、颜色、明暗、闪烁等属性状态变化;运动轨迹追踪阶段的主要任务是追踪目标对象的运动轨迹,如移动位置、层级遮挡、角度变化、移动速度等;空间位置追踪阶段的主要任务追踪页面跳转过程中的过渡性、连续性和视觉锚点变化,窗口在隐藏与缩放过程中的位置变化和层级遮挡,以及视图转换过程中的空间定位与位置迁移等。

需要注意的是,上述四种不同阶段下的追踪任务是循序渐进的,每个阶段的侧重点都不一样,因此,在不同阶段中各种不同属性被追踪的次序也不同。例如:颜色特征可用来加强目标获取阶段的注意追踪、不同特征属性的多目标之间的特征差异可以在属性变化追踪阶段有效提高追踪绩效;在目标的属性变化追踪阶段，可以用颜色将目标物和分心物区别开，以增强目标的可追踪性，因为不同颜色的物体有促进优势；而在运动轨迹追踪阶段，通过改变对象的运动速度、运动方向也可以影响目标追踪。

可视化中动态追踪机制是基于空间运动和多目标对象运动进行的视觉追踪机制，通过在属性变化、运动轨迹、空间位置的视觉追踪过程中加强有效线索和视觉引导，从而保持运动追踪认知机制的良好发挥。同时，基于动态追踪认知机制，可以根据每个阶段的不同侧重点来指导可视化的动态变化设计，来加强可追踪性。

3.3.5 自适应的图示认知机制

大数据可视化中的图表与信息图表不同，它们通常不是常规、简单、原始的图例，即使采用同一种基础图元关系作为可视化的基础，通过后续的可视化设计改编后，最终的呈现形式也是千差万别、难以统一而论。由此，可视化的图示认知总是被认为是难以规范化、标准化地展开研究的。但是，在用户调研中我们发现，用户在面对多维叠加、图示加强，甚至艺术化后的可视化图示时，对图示中数据的感知能力并没有被影响，即使是从未见过的复杂可视化图像，用户依然可以较快地识别这些复杂背后的基本结构和图元关系。

例如，图3-13中的(a)(b)(c)(d)(e)可视化都是以排序流图的基本图元关

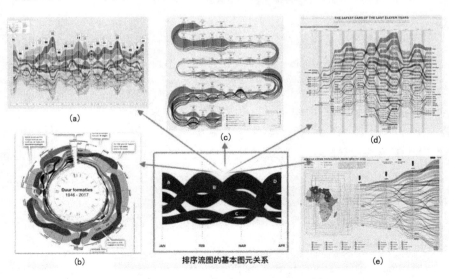

图3-13 相同图元关系的变化应用示例

系为基础进行的设计创作,每一幅可视化中的图示都打破了原始的基本图元关系,并且根据不同数据的特点、类型,以及自身的数据环境,加入了各种新的创意。仔细观察(a)(b)(c)(d)(e)中的细节可以发现,每个可视化图中的视觉元素,如数据流的坐标、参考线、曲线走势、曲线弧度等元素都有很大的差异。但是,这些大跨度、风格迥异的视觉变化并没有让用户在观察图像时感觉陌生,用户依然能够根据排序流图的基本规律,识别出其中的各层级、各类别的数据流信息。说明用户在感知可视化图元关系时是一个不断逼近目标的过程,可以根据已有的经验快速推理出图式的信息结构,这种极具适应性的认知行为很符合"自适应"的概念。

基于用户在认知大数据可视化过程中产生的这种随图示变化的"自适应"认知现象,本研究将其称为:自适应图示认知机制(如图 3-14 所示)。在这种认知机制下,在面对一个全新的可视化图表时,长时记忆中的图式可以对新知识进行快速归类,用户可以根据记忆中原有的知识结构和几何感知能力,对图像中隐藏的数据结构关系与数据之间的关联性进行图示关系的拓展和再认,继而与已储存在长时记忆中的基础图元关系中寻找该图表的源结构,实现从物理表征到心理表征的一致性后,将之匹配到当前的图表,以进行后续的认知加工。

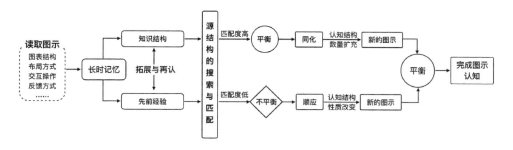

图 3-14　自适应图示认知机制

自适应图示认知机制背后的成因来自图式理论中图示感知的同化和顺应,即基于先前经验的模式匹配过程。图式是一种有组织的、可重复的行为模式或心理结构,也是认知结构的基本单元。图式理论中,所有的知识都是以图式的形式存储在长时记忆中,当人们对目标进行加工时,长时记忆中的图式可以根据新事物和认知结构的匹配度对目标进行快速归类;当目标与已有的认知结构一致,即为图示的同化;当目标与已有的认知结构不匹配时,需要用户通过学习改变认知结构并生成新的图式,即为图示的顺应。

以图3-15为例,(a)(b)分别采用圆堆积图和三维散点图两种基本的图元关系,无论我们是否了解这两种图元中蕴含的数据关系,我们依然可以在不需要任何学习新知识的情况下,基于记忆中的数学经验,自然、流畅地理解图(a)中的各个圆之间的关系,如:圆A包含圆B和圆C,圆B包含圆E和圆D,圆B和圆C是圆A的子集等;同理,在图(b)中,我们可以根据背景的一个类似xyz轴空间以及ABCD四个圆之间的透视效果,推断出ABC是二维平面上的圆形,而D是三维空间的立体球形。需要注意的是,可视化中的认知图式不仅存在于图表结构中,还存在于布局方式、交互操作和反馈方式中。

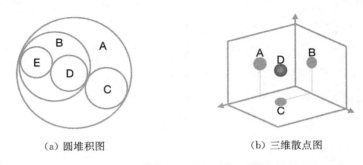

(a) 圆堆积图　　　　　　(b) 三维散点图

图3-15　基于圆堆积图和三维散点图的自适应认知

这种自适应的图示认知机制也打破了传统观念中"可视化图像难以标准化研究",证明了可视化图像是可以展开标准化研究的。基于自适应图示认知机制的理论基础,大数据可视化可以在不同基础图元关系上发散出无穷无尽的视觉形式,用户可以以小见大地去认知这些可视化图像,而不需要一遍遍地重新学习;设计师也可以发挥无限的创意去丰富这些图元关系网络,而不需要受到过多的限制;从研究角度,可以通过归纳、总结这些在基础图元关系上的变化规律,进一步挖掘用户对大数据图像中不同图元关系的认知机制。

综上,上述五种典型机制都与可视化的复杂度密切相关,其中,在Chunk的组块化认知机制中,视觉系统首先都会将可视化界面进行块化整合与分割,自动把相邻的区域进行组合,开始先整体后局部的全局概览方式;在多维空间认知机制中,用户需要观察多个空间视角随后建立立体视觉;在多目标关联认知机制中,用户需要对多个视图中的信息单元进行整合认知,两种复杂认知机制都与注意力资源的分配相关,都涉及了短时记忆和感知储存;动态追踪机制主要发生在交互过程中的各种属性变化；自适应的图示认知机制主要发生在用户进行深层次的认知解码阶段，用户需要对目标的图示感知进行解码，从长时记忆中进行图示的检索和匹配。通过深入剖析这五种典型的复杂认知加工机制，可以深入了解可视化用户典型的复杂度认知行为。

3.4 大数据可视化中的认知复杂度

通过对认知负荷、交互加工过程到复杂认知机制的关联分析，可以进一步梳理出可视化认知复杂度背后的内、外构成因素。由 3.3 小节的分析可知，可视化中的各个构成要素都各自与用户认知发挥交互作用，前一节提出的五种复杂认知机制涵盖了用户与界面布局、空间维度、目标信息、属性变化和图表五个核心可视化要素之间的信息交互。当一个可视化中所涉及的复杂认知机制的数量和类型越多，该可视化的信息加工过程包含的认知模块就越多，用户需要完成的认知活动也就越复杂，因此，可视化活动中的复杂认知机制导致了用户的认知复杂度。与此同时，结合 3.2 小节的研究分析可以发现，内在认知负荷在信息加工的全局概览阶段就已经形成，分别由数据的复杂度、任务的复杂度和用户的图示认知能力这三个因素共同构成。外在认知负荷主要形成于分区浏览、关联构建、目标定位、交互感知和交互实施几个模块。其中，呈现形式的复杂度影响随后的分区浏览、关联构建和目标定位三个模块，信息架构的复杂度主要影响关联构建和目标定位两个模块，交互方式的复杂度主要影响交互感知和交互实施两个模块。交互实施、视觉映射和理解、判断与决策三个模块主要与图示生成的可达性和经验行为相关，即相关认知负荷的影响。当可视化包含的数据非常庞大、任务难度高时，或是当可视化中呈现出过多的视觉元素、冗长的信息架构以及繁复的交互方式时，这些过量信息会导致外在和内在认知负荷过载，用户的注意资源和记忆资源分配难以满足认知需求，从而致使认知加工复杂度增加。

因此，大数据可视化认知复杂度是涵盖了 3 种认知负荷、9 个信息加工模块和 5 种典型认知机制的迭代关联性机制。其中，认知机制的复杂性是构成认知复杂度的外因，而内因则是外在和内在认知负荷的过载，两者共同构成了大数据可视化的认知复杂度（如图 3-16 所示）。

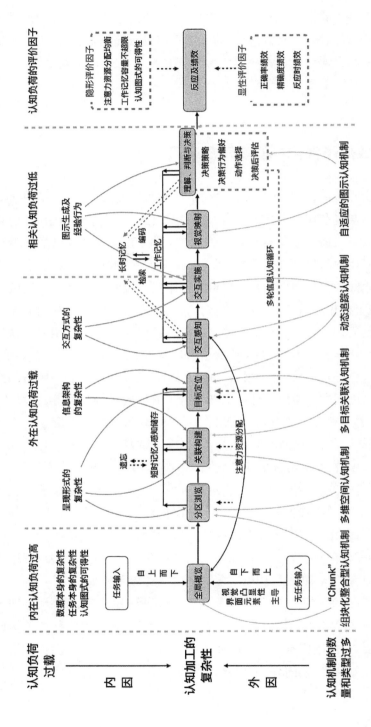

图 3-16 大数据可视化的认知复杂度构成

3.5 本章小结

本章分别从大数据可视化的信息加工过程、认知负荷构成以及五种典型的可视化复杂认知机制这三个角度剖析了大数据可视化的认知复杂度，并以这些分析研究为基础，通过构建大数据可视化的认知复杂度模型，将大数据的认知复杂度进行分层解构，提出可视化活动中的复杂认知机制是导致认知复杂度的外因，而认知负荷的复杂性才是真正的内因。基于该认知复杂度的构成模型，所有认知空间的复杂问题都源自这个多层空间迭代的结果，都可以从该模型中找到答案，同时也为后续的数据、视觉和交互复杂度研究提供理论基础。

4 大数据可视化的数据复杂度研究

复杂的数据结构在大数据可视化中是不可避免的,也是在可视化进行之初亟待解决的难题,更是大数据可视化的核心内容。其中,数据结构与信息空间属于大数据可视化的前端,在原始阶段这些高维数据往往包含非常多的数据维度和数据类别,且包含很多噪声,当其传递到可视化交互界面中,用户则需要从这些少量数据中"解压缩"出大量信息。目前,在大数据的可视化实现过程中,从数据到可视化的过程仍然属于"黑匣子",数据分析师难以从认知的角度呈现可视化,设计师又难以破解数据中的复杂,如何将数据与可视化建立直接的对应关系是困扰已久的问题。针对这些问题,本章针对大数据应用中的复杂数据结构展开了具体分析,对这些数据的复杂性进行梳理、整合,并从认知层面如何聚类相关的信息节点和如何表征复杂的信息图元网络关系等多个方面展开具体的研究。

4.1 大数据可视化的数据复杂度解析

大数据的编码表征是将数据信息映射成可识别、易理解和记忆的可视化元素的技术。[167]信息空间的复杂度是由信息单元复杂度、数据结构复杂度和数据结构与图元关系匹配度等因素共同决定的。其中,信息单元复杂度与信息节点自身、信息节点与信息节点之间聚类关系相关,由数据的属性决定。

4.1.1 高维数据的表征方法分析

大数据可视化面对的是海量具有不规则、模糊性特征的信息,其特征为具有时间、空间高维多源的异构数据。其中,高维数据是大数据中最常见的数据,也是当前大数据的研究重点。高维信息是大数据中不可避免的数据结构,指的是具有高维(Multidimensional)和多变量(Multivariate)两种典型特征的大数据,一般包含三个以上的独立维度且维度之间存在多层关联性。[168-169]

例如，图 4-1 是取自 2017—2018 年中国商务开源数据库(China Business Database)的某原始数据片段截图，该数据库共有 30 968 919 条数据，包含 5 474 353 家中国公司的网站、公司地址、邮件、电话、传真等信息类，每个信息类下都是 300 万至 500 万的数据量。从图中可以看出，这类原始数据不仅是高维、多元的，还包含了很多看似独立、实际上相互关联的碎片化数据，以及待挖掘的潜在关联性。因此，这类高维数据的复杂度非常高。

id	note	title	state	city	addr	url	email	capital	job	dept
2500788	control; sicknes	Tangshan Worr	Hebei	Tangshan	No.118 XINHUA	http://www.nxjk		0.000.000,00 €		
2500789	aluminum hydrc	Shijiazhuang LI	Hebei	Luquan	HUANGBIZHUA	http://www.lixin		0.000.000,00 €	Manager	Marketing
2500790	develop product	Shaanxi GAOK	Shaanxi	Xi'an	No.91 ZHUQUE	http://www.gela	zongbu@gelan(	0.000.000,00 €		
2500791	chinese traditio	YUANPINGXIN	Jiangsu	Xuzhou	SHENGJIA Mar				Manager	
2500792	import physic; r	Guangzhou KA	Guangdong	Guangzhou	SUNGANG Wa	http://www.kang		1.000.000,00 €		Sales dept
2500793	cosmetics; hea	SHUNHONG CI	Guangdong	Foshan	Shunde LUNJIA			2.000.000,00 €	Assistant	
2500794	pharmaceutical	Xianyang BAIC/	Shaanxi	Xianyang	ZHUQUAN LUY			610.000,00 €		
2500795		Zhuhai ANSHEI	Guangdong	Zhuhai	NANPING Tech	http://www.zh-a		8.000.000,00 €		
2500796	gel; sanshenwa	JINYI Medicine	Guangdong	Shenzhen	. JINYI Mansior				Manager	Merchant I
2500797	blood circulatioi	Hangzhou Hain	Zhejiang	Hangzhou	YAOJIANG Inte	http://www.zron			Sales	
2500798	a. analgesic oir	Jingzhou JINFE	Hubei	Jingzhou	SHACEN Road			500.000,00 €	Sales	business !
2500799	garments; medi	Luoyang SHUN	Henan	Zhengzhou	SUOKE Mansic	http://www.koov	usainvest@tom	5.000.000,00 €	Manager	
2500800	cosmetics; em	Shandong Aica	Shandong	Jinan	HONGXING Ro:				Manager	
2500801	bio-chemical gr	Beijing YADON	Beijing		CHANGPING Y	http://www.cnxy	cnxywy@126.c	4.000.000,00 €	Manager	
2500802	antibiotics; bioc	Yinan County Y	Shandong	Yinan	XIDUAN, AOKE				Manager	
2500804	acetic acid; am	Handan YONG.	Hebei	Handan	No.49 GUANGN	http://www.hdyj		100.000,00 €	Manager	
2500805		Guangzhou ZH(	Guangdong	Guangzhou	ZHONGDA QIN				Manager	
2500806	rheumatism; tre	Beijing JINSHE	Beijing		BEIYUAN Roac			500.000,00 €	Manager	
2500808	compound liver	Luoyang XINCH	Henan	Luoyang	No.126 CHUND	http://www.xinc		2.000.000,00 €	Sales	
2500809	building materia	Jiangsu YABAN	Liaoning	Shenyang	64-4-301, MINF			0.000.000,00 €	Manager	
2500810	antibiotic prepa	Hubei ZHONGT	Hubei	Wuxue	No.77 YONGNI			2.000.000,00 €	Manager	New Produ
2500811	163; 2008 nursi	Jinan YONGZH	Shandong	Jinan	No.6 HUAYUAN			2.000.000,00 €	Manager	
2500812		Fuzhou HAIWA	Fujian	Fuzhou	ZHONGXIA Villa			0.000.000,00 €	Sales	
2500813	marketing	Shaanxi YONG				http://www.otcy	th910@163.cor	2.810.000,00 €	Manager	Sales dept
2500814	beautiful womar	Heilongjiang GL				http://www.guo:	service@guoao		Manager	
2500815	bio-chemical gr	Anhui ANKEYU	Anhui	Anqing	No.333 YINGBI	http://www.akyl		7.059.900,00 €	Sales	Foreign tra
2500816	physic; protecti	Henan DAYU P	Henan	Zhengzhou	Henan DAYU P			5.000.000,00 €	Sales Manager	

图 4-1　中国商务开源数据库的某段原始数据

(数据来源：http://www.cd-rom-directories.com/contents/en-us/p4977_China_Business_Database.htm)

目前，常见的高维数据表征方法包括基于点、线、区域和样本四种，具体说明如下：

(1) 基于点的数据表征方法是以点为基础来呈现单个数据点与其他数据点之间的相似性、聚类等信息关联性，如散点矩阵和径向布局等；

(2) 基于线的数据表征方法一般基于坐标轴来编码不同维度中的各个属性值，并利用线段表征具体某数据点的某一维度，如线图、平行坐标及径向轴等；

(3) 基于区域的数据表征方法是将数据点的属性填充在二维平面布局的区域中，并结合颜色、面积、纹理等视觉属性表征数据，如柱状图和堆叠图等；

(4) 基于样本的数据表征方法是将数据通过图标或图表进行空间布局的排列，如邮票图和切尔诺夫脸谱图等。

根据上述分类，大数据中最常见的高维数据可视化图元关系有散点图矩阵、平行坐标法、雷达图、径向坐标图、切尔诺夫脸谱图五种,每一种具体的应用示例和适用数据维度见表 4.1。

表 4.1 目前高维数据的图元关系

高维数据可视化方法	图元关系	应用示例	适用数据维度
散点图矩阵 Scatterplot Matrices			三维及以上多维数据
平行坐标法 Parallel Coordinates			三维及以上多维数据
雷达图 Radar Chart			三维及以上多维数据
径相坐标图 Radviz Chart			多维数据
切尔诺夫脸谱图 Chernoff Faces			多维特定数据

（1）散点图矩阵（Scatterplot Matrices） 属于散点图的一种扩展,一般是将关联的散点图采用矩阵的排列形式,用户可以直观地查看变量之间的关系形式以及任意两个参数之间的关联性。

（2）平行坐标法（Parallel Coordinates） 一般采用二维空间内多条平行的

竖直轴线代表原始数据各维度。[170]每一条折线在竖直轴线上的转折点代表了在该维度上的数据,用户可以同时查看不同数据在多个维度的变化。

（3）雷达图(Radar Chart)　又称星形图(Star Plots),该方法采用极坐标的形式将维度轴线建立在一个同心圆上,将多维数据的每个属性映射到星形区域的形状和大小中,用户根据坐标轴的比例关系查看数据的属性值与最大值的比例关系。

（4）径向坐标图(Radviz Chart)　通过圆形的半径长度来表示不同的维度,沿着相同轴线的半径越大,维度变化越多,用户可以同时对比多个数据集之间的维度分布关系。

（5）切尔诺夫脸谱图(Chernoff Faces)　属于高维数据中的一种特殊表征形式,趣味性较高但适用性较低,通常适用于人相关的数据可视化。切尔诺夫脸谱图采用人脸上的不同器官的大小、形状变化来表示不同的维度,每一个样本数据使用一个脸谱来表征,同时呈现多个脸谱的排列可以用来呈现多变量的数据集。

上述这些表征方法仅是基于固定的结构方法去研究、表征数据属性,所呈现的数据量极易造成视觉层面的难以理解和信息过载,除非数据分析的专业人士之外,普通用户很难从这样的数据中联想到与之对应的图元关系。

4.1.2　大数据信息空间的复杂度问题

通常,在实际使用中的高维数据可视化并不是只采用一种可视化形式,而是结合多个可视化方法的综合呈现。综合呈现这些具有多类型、多尺度、多维且动态关联的数据结构,不再是简单的点、线、面就可以诠释的,而是多种高维可视化方法的结合,且这些可视化图表之间实时动态关联,有时还需要结合单独的三维空间坐标进行可视化表达。

与传统中用表格形式的结构化数据相比,大数据的非结构化数据通常呈现出更加碎片化的特征,可能包含地理数据、轨迹数据、时间数据、事件数据等不断发生变化的数据,这些数据的信息空间是非常复杂的。尽管这些呈现出的数据已经是经过处理—聚类—分组—映射后的,且可视化图表都是基于几何图形的基础衍生出来,但如果不对高维数据的信息空间进行一定的了解,用户一般难以理解数据结构之间图元语义,例如坐标的维度关系、线与点的属性指代、点与点之间相关性、线与面的组合意义等。

因此,从信息空间展开对大数据的复杂度研究的第一步,也是对整个可视化复杂度研究的基础。只有首先解决信息空间的复杂度,才能真正挖掘出大数据背后的信息潜力,帮助设计者在可视化之初选择出最匹配的可视化方法,为用户在阅读大数据可视化时带来的高效、流畅的体验。基于2.4.1节的分析,大数据下信息空间中的复杂度问题可以归纳为以下三点。

(1) 信息单元空间的复杂网络关系;

(2) 数据结构的复杂度;

(3) 数据结构与图元关系表征的复杂度。

4.2 信息单元的空间复杂度分析

可视化首先面临的一个重要问题就是如何对这些异构、非结构化数据进行信息表征。大数据的信息空间具有动态、多模态的特点,不受传统的信息空间的布局和分布影响,且目前对大数据中的大规模集成数据只有结构化数据、非结构化数据、半结构化数据三种简单的结构划分。非结构化数据所包含的数据属性是交叉关联的,整个数据集像个复杂网络,由规模巨大的节点和链接关系及错综复杂的边构成,是一种非线性的复杂关系。如果把整个数据的复杂网络看成一个扁平化的空间,在这样一个局部的信息单元空间中,每个信息节点都是独一无二的,分散的图形代表不同的属性,明度高、低代表信息点的特征数量,图形大小代表数据点的信息量(如图4-2所示)。

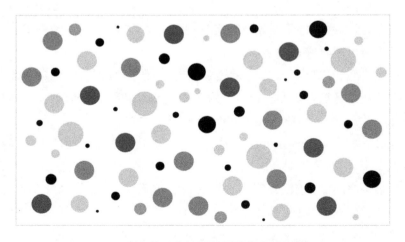

图4-2 信息单元空间局部缩影的扁平化模拟图

可视化是对抽象的信息网络进行视觉实态化的过程,而图 4-2 还不属于可视化,仅是对一小块信息单元空间的扁平化模拟,就已经非常复杂了。从图中可以看出,这些数据点不仅具有多维度、多来源的高维属性,还具有大量不同特征属性,整个信息空间在横向和纵向上都超长延展,直接造成了信息单元空间的复杂度。基于 2.1.1 节中对非结构化数据的分析可知,大数据中的复杂数据并非没有结构,只是这种非结构很难套用已有的数据结构分类,也无法用简单的行列式进行排布和表征,导致很难被人眼所快速地识别、感知。因此,找到新的信息单元空间的结构表征是分析可视化中信息空间复杂结构的第一步。

数据结构性包括了数据集中各属性之间的联系、作用方式,以及数据集内部各子集之间的类别、等级、序列和层次等关系。也就是说,数据的结构是由数据之间的关系决定的,按照数据之间的关系构建数据结构有助于进一步理解数据,挖掘出深层次的内在关联性。通常,每个信息节点传达的数据的特征属性都是不同的,但信息空间中所有信息节点的数据特征都是有律可循的。从认知规律来看,具有逻辑性的信息整体更易于人的认知。因此,我们可以从系统论的观点出发,从信息自身的逻辑属性角度对这些整体进行分解。

在对信息空间中的大量数据进行认知时,用户通常会首先依据经验和相关知识将信息系统分解为一系列离散的单元,再对所呈现的信息系统形成一个连贯的认知。这一过程类似于相同类型的属性聚类,某一信息节点具有众多属性,但是其中一些属性具有某一共同点(例如图 4-3 中的维度属性),把这些相似属性聚类在这个共通点中,可以简化整个信息节点的数据结构。

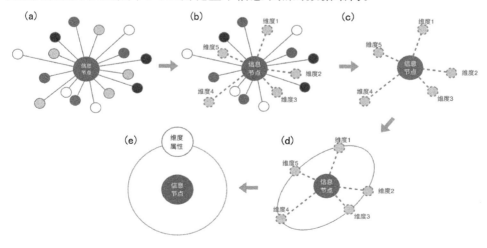

图 4-3　相同类型的属性聚类示意(扫码看彩图)

通常，数据的属性包括数值型、类别型和序数型三种。[171]综合大数据中各类数据可能涉及的属性，例如结构化数据涉及了数据的类别与层次，非结构化数据在结构化数据的基础上又涉及了各种不同信息源，时空数据又在前两者的基础上涉及层次和维度。因此，可以基于信息节点中这些数据维度、主题类别、数据层级、来源四个主要属性，归类为认知空间的四种结构属性：维度属性、类别属性、层级属性和信息源属性。

（1）维度属性：指信息节点的各种数据维度，如时间维、空间维等。

（2）类别属性：指信息节点所属的数据类别，如性别、年龄段等。

（3）层级属性：指信息节点在整个信息单元网络中的所属层级，如国家—城市之间的上下级。

（4）信息源属性：指信息节点所属的源数据，如某同一用户的数据。

通过基于这四种结构属性的划分，信息单元空间中的大量信息可以进行聚类，每个节点信息仅显示四种属性，整个信息空间就可以实现简单化。以扁平化模拟的信息单元空间的局部缩影图为例（见图 4-2），如果再对四种结构属性进行简单的视觉编码以区分，数据属性甚至可以实现"肉眼可见"（如图 4-4 所示）。如果每一种属性具有多个子级，即可以进一步向下延伸更多的编码方法。

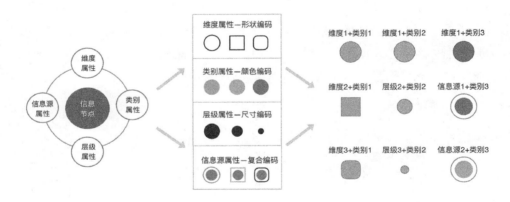

图 4-4 基于四种结构属性的编码聚类（扫码看彩图）

这种认知空间的四种结构属性划分方式让数据点之间的关联性、相似性都可以直接感知，整个信息单元空间的复杂度明显降低，让用户可以更清晰地对信息单元空间中的信息进行认知与归类。通过简单的编码我们可以快速识别隐藏在信息空间中的具有相似属性的信息节点，如图 4-5(b)中红色圆形代表同一类别属性、不同层级属性的信息节点。基于红色的颜色编码,我们可以快速定位这些类别属性相似的信息节点,而不需要慢慢地检索数据。通过从认知空间的划分,就可以将信息节点自身、信息节点与信息节点之间进行空间聚类。结合属性编码后,如果需要将某一共同属性单独分析,可以快速地将相关的数据进行关联,如图 4-5(c)所示。

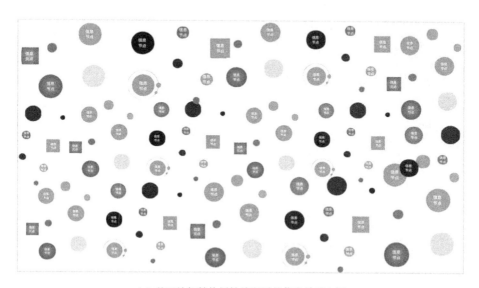

(a) 基于认知结构属性编码后的信息单元空间

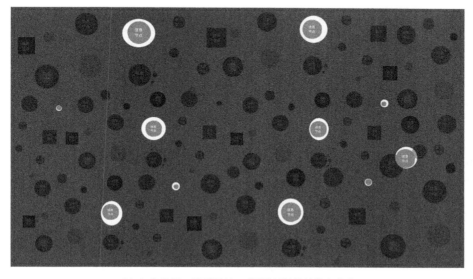

(b) 红色为同一类别属性、不同层级属性的信息节点

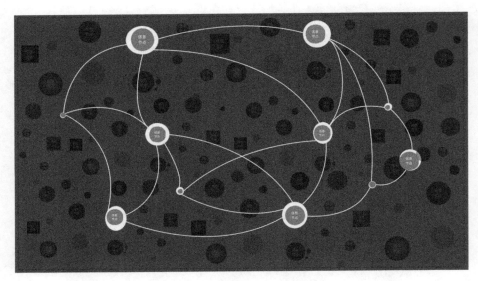

(c) 相同类别属性和层级属性信息节点的相关性

图 4-5　基于认知结构划分后的信息空间（扫码看彩图）

总的来说，信息空间的复杂度是由数据的属性所决定的，本书提出的这种基于认知结构划分的四种信息属性，通过可感知的属性来表征高维信息的主要特征，以较少的信息节点结构"解压"出隐含在海量信息单元空间中的各种复杂、离散的数据结构，从而把潜在的关系梳理出来，并有待进一步挖掘具有关联规则属性的其他信息节点之间的共通性和区别，有助于视觉认知时的分类和识别，降低了数据推理过程中的复杂度，最终实现了信息空间复杂度的降低。

4.3　数据结构的复杂度研究

4.3.1　基于认知空间的数据结构分类方法

传统的数据结构图如图 4-1 所示，通常以行为单位，将与某一信息节点相关的所有数据信息全部横向罗列在单独的一行中，一行中的数据既包括多个维度，还包括多种类别、层级属性。而大数据的数据结构更是在传统数据结构的基础上，增加了混杂性和模糊性，不再是过去方便编辑和查找的行列式的结构化数据，而是多种类型数据共存。列与列之间缺乏认知空间的逻辑，用户很难快速、有效地读取有用信息。

一般来说，构建信息可视化的逻辑结构可以帮助用户避免视觉思维的混淆，降低认知成本。[172]因此，如何对大量非结构化数据进行合理的数据结构优化，建立合理的逻辑是降低数据结构复杂度的核心问题。本研究提出一个假设：数据的信息空间结构应该也可以从认知层面展开降维。基于 4.3 节中提出的四种认知层的信息空间结构属性划分，我们可以建立与之对应的数据结构，即维度和信息源属性按横向排布，分类和层级属性按纵向排布（如图 4-6 所示）。图中，每一个单元格代表一个具有四种结构属性的信息节点，D1、D2、D3、D4 代表维度属性（Dimension）；C1、C2、C3、C4 代表类别属性（Category）；H1、H2、H3、H4 代表层级属性（Hierarchy）；S1、S2、S3、S4 代表信息源属性（Source）。图中每种属性的数量仅采取 4 种作为示例，实际情况下可以根据数据的属性数量进行无限延伸。D、S、C、H 的行/列均可调换顺序，排列原则按照：数量少的在上一级，数量多的在下一级。通过这样的数据结构，无论数据量有多大，信息空间中的每一个数据都可以被归类。例如 D2S3C2H4 就代表该信息节点的数据来自第 2 组维度、第 1 组数据源、第 1 种分类属性和第 4 级层级。

此外，考虑到大数据中的非结构化数据并不是规律的、平均的，因此并不是每一种数据属性下都存在数据的，缺值可采用"NA"表示，这样整个数据可以一目了然，例如 4-6 中的 D4S3C1H2、D1S2C3H2、D3S1C2H4 和 D2S3C4H4 结构下就不存在该结构的数据。

假设该数据集在认知空间的维度属性有 n 种（记作 D_n）、类别属性有 j 种（记作 C_j）、层级属性有 i 种（记作 H_i）、信息源属性有 m 种（记作 S_m），那么，该数据集的结构矩阵中，行的长度由 $D_n \times S_m$ 决定，列的长度由 $C_j \times H_i$ 决定，结构中的某一数据节点 A 可以根据所在位置记作 $a(D_x, C_y, H_z, S_u)$。由此可以提出，基于认知空间的数据结构复杂度 CD（Complexity of Data Structure）表示为：

$$CD = D_n \times C_j \times H_i \times S_m \quad (4.1)$$

有了这个基于认知空间的数据结构，数据的复杂度就可以直接根据这个矩阵结构的量级来决定，每种属性的类别越多，结构分组越多，矩阵的规模和结构越复杂，相应的数据复杂度也就越高。随着数据的深入，会出现更多需要研究的问题和有待进一步挖掘的关联属性。通过了解目标数据集的复杂程度，也极大地方便了后续选择合适的图元关系结构对于数据信息进行表征，直接从根本上的数据层来降低后续视觉层的复杂度。

		D1		D2		D3		D4		...
		S1	S2	S3	S4	S1	S2	S3	S4	...
C1	H1	D1S1 C1H1	D1S2 C1H1	D2S3 C1H1	D2S4 C1H1	D3S1 C1H1	D3S2 C1H1	D4S3 C1H1	D4S4 C1H1	...
	H2	D1S1 C1H2	D1S2 C1H2	D2S3 C1H2	D2S4 C1H2	D3S1 C1H2	D3S2 C1H2	NA	D4S4 C1H2	...
C2	H3	D1S1 C2H3	D1S2 C2H3	D2S3 C2H3	D2S4 C2H3	D3S1 C2H3	D3S2 C2H2	D4S3 C2H3	D4S4 C2H3	...
	H4	D1S1 C2H4	D1S2 C2H4	D2S3 C2H4	D2S4 C2H4	NA	D3S2 C2H2	D4S3 C2H4	D4S4 C2H4	...
C3	H1	D1S1 C3H1	D1S2 C3H1	D2S3 C3H1	D2S4 C3H1	D3S1 C3H1	D3S2 C3H1	D4S3 C3H1	D4S4 C3H1	...
	H2	D1S1 C3H2	NA	D2S3 C3H2	D2S4 C3H2	D3S1 C3H2	D3S2 C3H2	D4S3 C3H2	D4S4 C3H2	...
C4	H3	D1S1 C4H3	D1S2 C4H3	NA	D2S4 C4H3	D3S1 C4H3	D3S2 C4H3	D4S3 C4H3	D4S4 C4H3	...
	H4	D1S1 C4H4	D1S2 C4H4	D2S3 C4H4	D2S4 C4H4	D3S1 C4H4	D3S2 C4H4	D4S3 C4H4	D4S4 C4H4	...
...	...	...	...	...	...	...	...	...	...	...

低复杂 ←————————————→ 高复杂

（纵向）低复杂 ↓ 每种属性数量越多越复杂 ↓ 高复杂

图 4-6 基于认知空间划分的数据结构

（注：1. DSCH 的行/列均可调换顺序，排列原则按照：数量少的在上一级，多的在下一级；2. 图中每种属性的数量仅采取 4 种作为示例，实际情况下可以根据数据的属性数量进行无限延伸）

4.3.2 基于 R 语言的数据结构重构实现

为了验证 4.3.1 节中所提出的数据结构重组的可行性，本节选取了实际中的一组数据，通过 R 语言的代码编程，对数据的结构进行了分析与重构。

本节选取的数据集为《2016 年部分城市运动场所信息采集——样本数据》，该数据总共包含 13 134 条有关北京、上海、广州、厦门等 8 个城市的 597 个运动场所的信息，例如球馆名称、电话、运动项目、地址、价格、设施、服务、交通等 22 类信息，原始数据的部分信息截图如图 4-7 所示。

假设当前查看数据的任务是需要了解不同运动项目在各个地区的运动场所的相关信息。首先，根据任务将数据按照 4.3 中认知空间的四种结构属性进行分类，将相关的数据按照维度（记作 D）、类别（记作 C）、层级（记作 H）、信息源（记作 S）四大类别进行划分；类别 C 为运动项目，包含篮球（C1）、羽毛球（C2）；层级 H 为地区，包含华北地区（H1）、华南地区（H2）、华东地区（H3）。其中每一地区又分成不同城市，因此子层级记作：H1_1 为天津，H1_2 为北京；H2_1 为东莞，

4 大数据可视化的数据复杂度研究

	A	B	C	D	E	F	G	H	I	J
1	球馆名	城市	城区	场馆地址	球馆评	参评人	原价	优惠价	联系电话	运动项
2	U.Time运动	上海	长宁区	长宁区绥宁路(近天山西	4.8	85	100	20	18512124132	篮球
3	上海对外经	上海	长宁区	长宁区古北路620号（近	0	0	450	350	021-52067399	篮球
4	FSBA篮球f	上海	长宁区	上海市长宁区绥宁路628	0	0	600	300	021-62754279	篮球
5	汉森篮球f	上海	闸北区	闸北区永和路185号	4.7	15	130	100	18918384259	篮球
6	运动源	上海	闸北区	闸北区晋源路277号（近	4.8	28	150		021-51688887	篮球
7	汇美体育f	广州	增城区	增城区增城市新塘镇汇美	0	0	50	50	(020)32916333	篮球
8	新塘中学f	广州	增城区	增城新塘镇东进东路新坊	0	0	188		无	篮球
9	名人堂	广州	增城区	广州市增城区桥头	0	0	500		900	篮球
10	淘淘体育f	广州	增城区	光明西路	0	0	900	900	4000-410-480	篮球
11	新意俱乐f	广州	增城区	新塘街	0	0	900	900	新意俱乐部	篮球
12	增城市体f	广州	增城区	增城市增江街教育路2号	0	0	250	100	020-82471132	篮球
13	诚健体育	广州	增城区	增城区荔城大道217号	0	0	300	300	28109826	篮球
14	狮带岗篮	广州	越秀区	麓湖路狮带岗东1号	0	0	120	60	020-83496824	篮球
15	万科东海f	深圳	盐田区	盐田区环碧路216号万科	0	0	300		13510101017	篮球
16	划船俱乐f	上海	徐汇区	上海市徐汇区龙吴路159	4.9	48	160	109	021-60340152	篮球
17	尚宾俱乐f	天津	西青区	天津市西青区海纳道1号	4.5	4	75	55	022-85501555	篮球
18	叁拾峰体f	天津	西青区	天津市大寺镇腾达工业区	5	3	100	80	13212263030	篮球
19	东方羽毛	天津	西青区	天津市西青区大寺镇兴	0	0	120	100	022-87921666	篮球
20	什刹海体f	北京	西城区	北京西城区地安门西》	0	0	120	110	010-83229500	篮球
21	博瑞俱乐f	北京	通州区	北京市通州区苏陀村	0	0	500		900	篮球
22	巅峰体育	北京	通州区	通州区台湖铺大路	0	0	500		900	篮球

图 4-7 案例原始数据的部分截图

$H2\_2$ 为广州，$H2\_3$ 为深圳，$H2\_4$ 为厦门，$H3\_1$ 为上海，$H3\_2$ 为青岛；维度 D 为所有除了类别和层级之外的信息。由于该数据集中不存在数据源相同的信息节点，因此没有从属于同一信息源 S 的数据。

基于这样的划分，最终的目标数据结构应该如图 4-8 所示。

			D1 场馆地址	D2 球馆评分	D3 参评人数	D4 原价	D5 优惠价	D6 联系电话	D7 场馆卖品	D8 停车	D9 地铁	……	……
C1 篮球	H1 华北地区	H1_1 天津											
		H1_2 北京											
	H2 华南地区	H2_1 东莞											
		H2_2 广州											
		H2_3 深圳											
		H2_4 厦门											
	H3 华东地区	H3_1 上海											
		H3_2 青岛											
C2 羽毛球	H1 华北地区	H1_1 天津											
		H1_2 北京											
	H2 华南地区	H2_1 东莞											
		H2_2 广州											
		H2_3 深圳											
		H2_4 厦门											
	H3 华东地区	H3_1 上海											
		H3_2 青岛											

图 4-8 预期的数据结构形式

基于 R 语言的数据结构重构大致分成三个步骤。

第 1 步　根据任务需求提取数据

在 R 语言中，直接运用 subset() 命令输入代码，按照 Cj_Hi_hk 的模式输入所有需要的节点位置，即可调取对应的数据。例如，需要调取"篮球-华北-天津"和"篮球-华北-北京"的数据，即 C1_H1_1 和 C1_H1_2 结构下的全部数据，只需要输入如下代码：

```
getwd()
data<- read.csv(file ="2016年部分城市运动场所信息采集—样本数据.csv",sep = ",")
C1_H1_1<-subset(data[data$运动项目=="篮球"& data$地域=="华北"& data$城市=="天津",])
C1_H1_2<-subset(data[data$运动项目=="篮球"& data$地域=="华北"& data$城市=="北京",])
```

如果需要调用每个信息节点下的数据，也可以通过 subset() 命令进行一一调取，提取每一种结构下的全部数据代码如下：

```
C1<- subset(data,data$运动项目=="篮球")
C2<- subset(data,data$运动项目=="羽毛球")
C1_H1<- subset(C1,C1$地域=="华北")
C1_H2<- subset(C1,C1$地域=="华南")
C1_H3<- subset(C1,C1$地域=="华东")
C1_H1_1<- subset(C1_H1,C1_H1$城市=="天津")
C1_H1_2<- subset(C1_H1,C1_H1$城市=="北京")
C1_H2_1<- subset(C1_H2,C1_H2$城市=="东莞")
C1_H2_2<- subset(C1_H2,C1_H2$城市=="广州")
C1_H2_3<- subset(C1_H2,C1_H2$城市=="深圳")
C1_H2_4<- subset(C1_H2,C1_H2$城市=="厦门")
C1_H3_1<- subset(C1_H3,C1_H3$城市=="上海")
C1_H3_2<- subset(C1_H3,C1_H3$城市=="青岛")
C2_H1<- subset(C2,C2$地域=="华北")
C2_H2<- subset(C2,C2$地域=="华南")
C2_H3<- subset(C2,C2$地域=="华东")
C2_H1_1<- subset(C2_H1,C2_H1$城市=="天津")
C2_H1_2<- subset(C2_H1,C2_H1$城市=="北京")
C2_H2_1<- subset(C2_H2,C2_H2$城市=="东莞")
C2_H2_2<- subset(C2_H2,C2_H2$城市=="广州")
C2_H2_3<- subset(C2_H2,C2_H2$城市=="深圳")
C2_H2_4<- subset(C2_H2,C2_H2$城市=="厦门")
C2_H3_1<- subset(C2_H3,C2_H3$城市=="上海")
C2_H3_2<- subset(C2_H3,C2_H3$城市=="青岛")
```

第 2 步　整理数据，检查空值

运算代码调取每一个节点下数据后，可以从图 4-9 的 Data 窗口中可以看到，有几个节点下是不存在数据的，即数据值为"0 obs"，如图中 C1_H2_1、C2_H1_1、C2_H1_2、C2_H2_4 和 C2_H3_2。

```
Data
C1          504 obs. of 23 variables
C1_H1       72 obs. of 23 variables
C1_H1_1     27 obs. of 23 variables
C1_H1_2     45 obs. of 23 variables
C1_H2       315 obs. of 23 variables
C1_H2_1     0 obs. of 23 variables
C1_H2_2     204 obs. of 23 variables
C1_H2_3     105 obs. of 23 variables
C1_H2_4     6 obs. of 23 variables
C1_H3       117 obs. of 23 variables
C1_H3_1     102 obs. of 23 variables
C1_H3_2     15 obs. of 23 variables
C2          93 obs. of 23 variables
C2_H1       0 obs. of 23 variables
C2_H1_1     0 obs. of 23 variables
C2_H1_2     0 obs. of 23 variables
C2_H2       66 obs. of 23 variables
C2_H2_1     3 obs. of 23 variables
C2_H2_2     57 obs. of 23 variables
C2_H2_3     6 obs. of 23 variables
C2_H2_4     0 obs. of 23 variables
C2_H3       27 obs. of 23 variables
C2_H3_1     27 obs. of 23 variables
C2_H3_2     0 obs. of 23 variables
data        597 obs. of 23 variables
```

图 4-9　数据提取后的 Data 窗口

第 3 步　重新组合数据

所有数据调取后，对所有有效值的数据进行重新组合，运用"rbind()"命令输入代码，注意这一步不需要合并在第 2 步检查的空值数据。随后可以查看各个维度信息，按照需求重新排列维度顺序，并导出文件，重新组合数据并将其保存的代码如下：

```
＃＃＃删除 C1_H2_1,C2_H1_1,C2_H1_2,C2_H2_4,C2_H3_2
regroup_data<-
rbind(C1_H1_1,C1_H1_2,C1_H2_2,C1_H2_3,C1_H2_4,C1_H3_1,C1_H3_2,C2_H2_1,C2_H2_2,C2_H2_3,C2_H3_1)
```

```
dimnames(data) ###查看维度
#  "球馆名字"  "城市"      "城区"    "运动项目"  "场馆地址"   "球馆评分"   "参评
   人数"  "原价.元."
# "优惠价.元." "联系电话"  "器材租借"  "休息区"     "场馆卖品"   "更多服务"   "停
  车"      "地铁"
#"场馆价格"  "洗浴设施"  "发票"       "地板"       "器材维护"  "灯光"        "公交"
       "地域"
###
regroup_data<-regroup_data[,c(12,23,2,1,3,4,5,6,7,8,9,10,11,13,14,15,16,17,
18,19,20,21,22)]
write.table(regroup_data, "数据重构.txt", sep="\t", quote= FALSE, row.names =
FALSE)
```

完成导出后的文件截图如图 4-10 所示，重构后的数据格式与预期相符，用户可以快速读取不同运动项目在各个地区的运动场所的相关信息。

运动项目	地域	城市	球馆名字	城区	场馆地址	球馆评分	参评人数	原价.元.	优惠价.元.	联系电话	器材租借	休息区	场馆卖品
篮球	华北	天津	尚宾freedom运动生活馆	西青区	天津市西青区海纳道1号（外环西路与海纳道交口处天津亚建集团内）	4.5	4	75	55	022-85501555		有	饮料、各类体育用品、租赁器材
篮球	华北	天津	叁拾峰体育（篮·羽中心）	西青区	天津市大寺镇腾达工业园腾达东路1号（梅江会展中心对面永信门窗院内）	5	3	100	80	13212263030		有	饮料、小吃、各类体育用品、租赁器
篮球	华北	天津	东方羽毛球馆	西青区	天津市西青区大寺镇梨双公路龙居花园	0	0	120	100	022-87921666		无	饮料、各类体育用品、拉线、租赁器
篮球	华北	天津	洛克圣地篮球磁场	津南区	天津市津南区双港镇上海街52号	5	1	175	165	15822151255		有	饮料、各类体育用品、租赁器材
篮球	华北	天津	逸阳竞技联盟	津南区	天津市津南区近郊咸水沽镇津歧路大白鲨酒店院内	5	4	150	65	022-88536616		有	饮料、租赁器材
篮球	华北	天津	美天体育馆	津南区	天津市津南区外环线微山路与梨双路交口	5	7	150	80	022-28575558		有	饮料、各类体育用品、拉线、租赁器
篮球	华北	天津	天津体育学院	河西区	天津区河西区卫津南路51号	4.5	8	250	250	022-23012001		有	饮料、各类体育用品、拉线
篮球	华北	天津	摩羯街区足篮球馆	河东区	天津区河东区建新路5号	0	0	220	180	022-58711887		有	饮料、小吃、各类体育用品、租赁器
篮球	华北	天津	23号体育训练馆	河东区	河东区 十一经路与津塘路交口58号院内(近丰源车务)	0	0	220	200	13752222172		有	饮料、小吃、租赁器材
篮球	华北	天津	尚宾freedom运动生活馆	西青区	天津市西青区海纳道1号（外环西路与海纳道交口处天津亚建集团内）	4.5	4	75	55	022-85501555		有	饮料、各类体育用品、租赁器材
篮球	华北	天津	叁拾峰体育（篮·羽中心）	西青区	天津市大寺镇腾达工业园腾达东路1号（梅江会展中心对面永信门窗院内）	5	3	100	80	13212263030		有	饮料、小吃、各类体育用品、租赁器
篮球	华北	天津	东方羽毛球馆	西青区	天津市西青区大寺镇梨双公路龙居花园	0	0	120	100	022-87921666		无	饮料、各类体育用品、拉线、租赁器
篮球	华北	天津	洛克圣地篮球磁场	津南区	天津市津南区双港镇上海街52号	5	1	175	165	15822151255		有	饮料、各类体育用品、租赁器材
篮球	华北	天津	逸阳竞技联盟	津南区	天津市津南区近郊咸水沽镇津歧路大白鲨酒店院内	5	4	150	65	022-88536616		有	饮料、租赁器材
篮球	华北	天津	美天体育馆	津南区	天津市津南区外环线微山路与梨双路交口	5	7	150	80	022-28575558		有	饮料、各类体育用品、拉线、租赁器
篮球	华北	天津	天津体育学院	河西区	天津区河西区卫津南路51号	4.5	8	250	250	022-23012001		有	饮料、各类体育用品、拉线
篮球	华北	天津	摩羯街区足篮球馆	河东区	天津区河东区建新路5号	0	0	220	180	022-58711887		有	饮料、小吃、各类体育用品、租赁器
篮球	华北	天津	23号体育训练馆	河东区	河东区 十一经路与津塘路交口58号院内(近丰源车务)	0	0	220	200	13752222172		有	饮料、小吃、租赁器材
篮球	华北	天津	尚宾freedom运动生活馆	西青区	天津市西青区海纳道1号（外环西路与海纳道交口处天津亚建集团内）	4.5	4	75	55	022-85501555		有	饮料、各类体育用品、租赁器材
篮球	华北	天津	叁拾峰体育（篮·羽中心）	西青区	天津市大寺镇腾达工业园腾达东路1号（梅江会展中心对面永信门窗院内）	5	3	100	80	13212263030		有	饮料、小吃、各类体育用品、租赁器
篮球	华北	天津	东方羽毛球馆	西青区	天津市西青区大寺镇梨双公路龙居花园	0	0	120	100	022-87921666		无	饮料、各类体育用品、拉线、租赁器
篮球	华北	天津	洛克圣地篮球磁场	津南区	天津市津南区双港镇上海街52号	5	1	175	165	15822151255		有	饮料、各类体育用品、租赁器材
篮球	华北	天津	逸阳竞技联盟	津南区	天津市津南区近郊咸水沽镇津歧路大白鲨酒店院内	5	4	150	65	022-88536616		有	饮料、租赁器材
篮球	华北	天津	美天体育馆	津南区	天津市津南区外环线微山路与梨双路交口	5	7	150	80	022-28575558		有	饮料、各类体育用品、拉线、租赁器
篮球	华北	天津	天津体育学院	河西区	天津区河西区卫津南路51号	4.5	8	250	250	022-23012001		有	饮料、各类体育用品、拉线
篮球	华北	天津	摩羯街区足篮球馆	河东区	天津区河东区建新路5号	0	0	220	180	022-58711887		有	饮料、小吃、各类体育用品、租赁器
篮球	华北	天津	23号体育训练馆	河东区	河东区 十一经路与津塘路交口58号院内(近丰源车务)	0	0	220	200	13752222172		有	饮料、小吃、租赁器材
篮球	华北	北京	什刹海体校网球馆	西城区	北京市西城区地安门西大街57号	0	0	120	110	010-83229500		无	饮料、小吃、各类体育用品、租赁器

图 4-10　重构后的数据结构截图

通过上述代码的验证与确认，原始数据通过基于用户认知的四种结构归类后，整个数据的属性提取与重构过程涉及的代码都是 R 语言中比较基础的，可操作性很高。

总的来说，通过把大数据的数据结构在认知空间进行划分，我们可以对数据进行整理归纳，将信息的属性分类陈列、归档离散信息、删除空值，并重新整理出与任务目标相关的信息，以便于后续搭建信息节点之间的空间网络。

4.4　基于认知空间的数据结构与图元编码的表征研究

大数据可视化设计的第一步是从数据中提取可以用以视觉表征的有效信息。相较于数据,图形和图表能更好地解释数据关系和趋势,因为人脑对视觉信息的处理要比文本快很多。大数据的数据结构异常复杂,这无疑造成普通的图元关系难以与之匹配,普通的视觉编码也无法解释清楚大数据的复杂,如果将无关数据多余地呈现,不仅干扰用户认知,还会导致用户分散注意力、浪费时间资源。因此,数据结构与图元关系表征所出现的复杂问题的核心在于用户如何通过直接观察从庞大的数据量中获取信息的深层含义。

4.4.1　数据结构与图元关系之间的表征

从表格数据到可视化空间的桥梁即为图元关系的表征,采用图元关系表征的形式可以让用户更好地理解数据结构。图元关系,即图元拓扑关系,图元关系的构建是基于被表征数据的属性与结构,用如点、线、面、体等实体及其结构关系,对"元"和"关系"的进行表征的图示。

可视化结构中图元关系表征是指采用某种组织方法对原始数据信息进行分类、组合和排序,并采用色彩、大小和形状等视觉元素将信息进行图元关系表征,并采用视觉图形化的方式将信息呈现给用户。[173-174]在这一过程中,既需要保证数据信息的精确性,让用户依然能够读取到相关的原始信息,还需要保证用户对其中数据关系感知的高效性。因此,将用户的感知和认知能力以可视化界面为通道融入数据的处理、表征中,建立对应的图元关系,是实现大数据可视化的一个研究重点。

如何建立针对大数据可视化的从数据到视觉层面的图元关系,一直都是学术界公认的复杂问题,其背后蕴含多个复杂问题,例如:如何让最需要的数据突出呈现、选择什么样的最佳编码结构来准确提示数据内容之间的重要关系等。目前,现有的可视化在选择对应的图元关系时,通常是将需要展示的数据内容,进行"图"与"数据"整合,一般采用"图"的模板套用到数据中。虽然也有一些学者从数据出发研究与之对应的图元关系,但这些研究仅偏向数据的特征,没有将数据的属性和结构建立关联,例如,国内学者李晶等[6]基于信息的多维属性归纳出6种信息可视化结构,但他们的分类结构较宽泛,具体实施起来需要先从套用"图"开始。大多数可视化分析应用程序使用一个内存数据库和不同的外部数据管理系统。这些可视化方法有很多局限性,这种方式在选择图元关系时首先考虑的是"图"的匹配性,而不是"数据"的匹配性,容易造成用户在面对图元关系时很难与数据建立对应关系;同时,也易将很多不必要呈现的数据可视化,因其形式而呈现。例如,著名的可视化软件 Tableau,该软件中的图元关系就是依赖于一个标准的 SQL 数据库,由用户导入数据,再通过自定义的内存数据库来选择可视化结构,而具体如何选择全靠用户自身的专业背景。这一方法的弊端是用户最终实现的数据结构可能仅是依靠用户的喜好或美感,难以保证其中的图元关系的匹配性。

综上,合理的图元表征可以引导用户的注意力,而不合理的图元表征不仅复杂难懂,还会严重干扰用户的正常查看。因此,数据结构与图元关系表征的复杂度在于如何通过属性编码和结构选择进行视觉层面的图元映射,且数据表格的结构选择和属性编码需要与图元关系的结构和属性编码相互匹配。数据结构与图元关系之间基本的映射关系如图 4-11 所示。

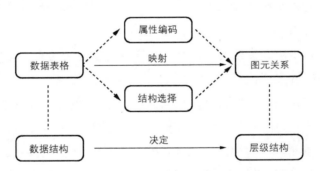

图 4-11 数据结构与图元关系之间基本的映射关系

4.4.2 图元编码表征的复杂度分解

基于前面的分析可知,从数据结构到图元关系之间,并不是点对点的匹配,而是涉及多个要素的标准匹配。基于这一点,我们对大数据中的图元关系进行了分解,将图元关系可以进一步分解成五种构成要素:坐标系、图元结构、语义映射、图示功能和属性编码与叠加(如图 4-12 所示)。

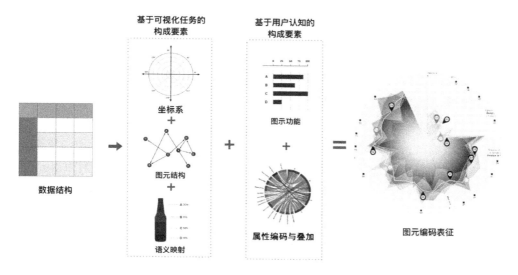

图 4-12　图元表征的构成要素分解

其中,坐标系、图元结构、语义映射是由可视化任务决定的,图示功能、属性编码与叠加则需要基于用户的认知特性和认知行为来进行设计和选择。而数据与图元关系的表征形式也正是基于数据结构与这五种要素的属性匹配与编码叠加实现的,各要素的具体说明如下:

（1）坐标系

坐标系指的是一个结构化的空间作为数据定位与分布规则的背景系统,将数据按照数值规律赋予其坐标、半径、角度、经度与纬度等定位属性,可视化涉及的坐标系主要分为三种:直角坐标系、极坐标系和地理坐标系。

（2）图元结构

常见的图元结构按自身功能可以分为:比较型、相关型、分布型、局部与整体、地理空间、(时间)趋势型以及关系流等。

（3）语义映射

可视化中的语义一般都是通过图示的映射与隐喻进行编码呈现,其中,映射与隐喻分别对应直观和非直观这两种视觉元素的表达形式,两者都是可视化的重要构成。映射是指在数据与可视化形式之间建立起的对应关系,可以是抽象的或者具象的,例如柱状图将数据映射到长度,折线图把数据映射到线;隐喻则是通过抽象的视觉表现形式将所要表达的语义转化为可联想的视觉信息。

(4) 图示功能

可视化中的图示功能有很多种,例如用颜色代表类别、透明度代表程度、长度代表数量、面积代表大小、体积代表比例、角度代表顺序等。哪一种图示功能与当前编码形式最为吻合,所传递的数据信息最能够被用户快速、准确地感知,这需要深入思考并分析其中的功能匹配性。

(5) 属性编码与叠加

大数据的属性编码类型繁多,通常单一属性不足够呈现所要表达的数据属性,因而需要综合多种属性甚至会叠加时间、空间等属性进行编码,这些不同属性之间的编码形式如何组合并搭配才能更符合用户的认知,需要在图元表征阶段进行深入分析。

上述五种构成要素不仅构成了可视化图元表征的全过程,还为下一步基于认知空间的数据结构与图元关系的关联映射提供了基础。可视化的图元关系表征即为数据结构与上述五种要素之间关联构建的任何一种图元关系都可以拆解为这五种要素。

4.4.3 基于认知空间的数据结构与编码属性映射

在 4.3 节中,我们从认知层面将数据结构按照维度(记作 D)、类别(记作 C)、层级(记作 H)、信息源(记作 S)划分,这种结构不仅有助于用户对数据结构进行快速感知,也同样有助于建立数据结构到图元编码的关联映射。由认知空间的数据结构属性特征可知,维度 D 需要在图元的属性编码中呈现独立性,类别 C 需要呈现属性编码的差异性,层级 H 需要呈现属性编码的次序性,信息源 S 需要呈现属性编码的相似性。由此,可以基于这四种属性编码的特点,与视觉表征中的定性、定序、定类、定距建立一一对应的关联性映射,具体而言,视觉表征中的定距表征对应了具有"对等距离"特征,如角度、方向、坐标轴、空间维度等划分,即对应了维度属性 D;定类表征一般指按事物某种属性分类或分组,编码形式如色相、形状、角度、位置及比例等,即对应了类别属性 C;定序表征可以区别同一类别属性中不同的等级、次序的变量,编码形式如大小、顺序、距离、层次及明度等,即对应了层级属性 H;定性表征指是否具有某种共同属性或特征以及数据节点相互之间是否有关系,即对应了信息源属性 S,编码形式如纯度、方向及流向等。基于认知空间的数据结构与图元表征及编码属性之间的映射关系如图 4-13 所示。

需要注意的是,色彩通常具有多种语义功能且被使用的频率较高,因而色彩

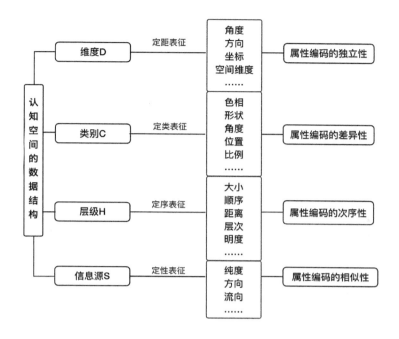

图 4-13　数据结构与图元表征及编码属性之间的映射关系

相关的编码属性如色相、明度、纯度等通常被分别用作两种编码表征形式，在编码叠加时需要注意区分。

4.4.4　基于数据结构的图元编码示例

基于上述提出的映射关系，可以直接按照认知空间的数据结构，建立与其对应的图元编码映射，直接从"数据"到"图元"，建立与数据结构之间的对应关系，具体示例如图 4-14 所示。

由表中的数据结构示例可以明显看出，数据信息的层级结构直接决定了图元关系的层级结构，数据结构的矩阵越大，图元叠加的量级越高，对应的图元关系也越复杂。其中，单一属性结构的数据对应的图元关系似乎最简单，多重属性的数据对应的图元关系似乎随着数据结构的复杂程度更复杂。以高维数据为例，一般的点、线、面、实体等基本空间数据结构已经不足以描述其包含的属性数量，需要增加更多的属性编码，有些空间数据需要进行多维坐标形式的编码。此外，除了编码属性的叠加之外，还有坐标系之间的叠加，这类图元结构更加复

(a) 一种数据结构的图元编码示例

(b) 两种数据结构的图元编码示例

4 大数据可视化的数据复杂度研究

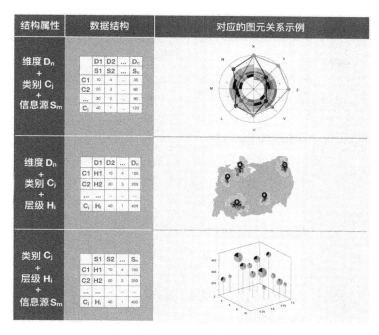

（c）三种数据结构的图元编码示例

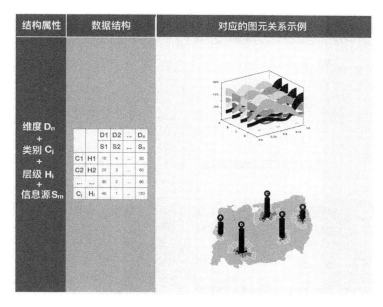

（d）四种数据结构的图元编码示例

图 4-14　数据结构与图元编码映射示例

杂。以图4-14(d)中的数据结构为例,包含四种结构属性的图元关系是在简单的图元关系属性基础上进行的叠加,一个结构是由表征三维的相关与分布关系的三维流图、表征时间与趋势关系的层状区域图、表征时间与关系的秩序流图进行的叠加,另外一个是由表征地理空间关系的地理位置图、表征数值大小的柱状图和表征时间与层级关系的极坐标图的叠加,具体如图4-15所示。

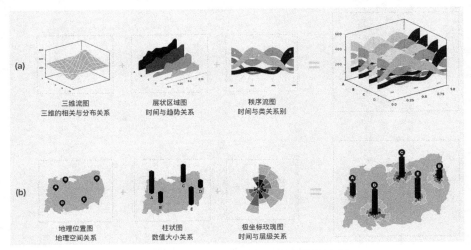

图4-15 复杂结构下的图元编码叠加示例

需要注意的是,关于不同属性之间的叠加对于用户的认知影响是否也是随之呈线性增加,仍然是一个未知的问题。例如,图4-16(a)为最基本的冲击流图,

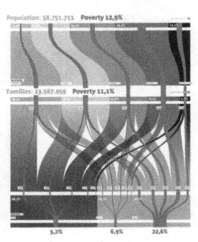

(a) 标准冲击流图　　　　　　(b) 加入层次和维度的冲击流图

图4-16 基于数据结构的图元编码应用示例(扫码看彩图)

(b)的冲击流图中则加入了表征类别的色相编码和表征层级的明度编码,图(b)较于图(a)明显更复杂,但这种编码叠加的复杂会不会干扰用户读取图表信息的认知过程、占用更多的认知资源？还是有助于用户的识别？特别是在可视化图表中进行多个数据节点之间的两两比较任务时,用户在面对多属性编码叠加的数据感知差异尚不明确。这些问题都需要进一步进行实验研究。

4.5 基于属性编码叠加数量与叠加形式的实验研究

目前,关于可视化编码属性的研究主要集中在某个单一属性的感知差异上,或者是某两种编码通道的整合与分离,鲜有研究针对由图元编码叠加形成复杂度对于用户的认知绩效的影响展开研究。为了解可视化中图元表征的编码叠加的复杂度问题,进一步研究图元编码表征映射时不同叠加数量级、叠加形式条件下对认知绩效的影响,本节将对四种数据结构属性的认知特性展开实验研究。

实验围绕用户对于多种属性编码的叠加感知差异展开,结合前一节提出的基于认知空间的数据结构与可视化图元表征的编码属性之间的映射关系,以及维度(D)、类别(C)、层级(H)、信息源(S)四种数据结构在编码表征时可能存在的认知差异进行研究。

4.5.1 实验对象

实验被试为 16 名高校研究生,年龄在 21~29 岁。视力正常,无色盲或色弱。实验前告知被试实验内容,使其熟悉实验规则。

4.5.2 实验设计及材料

实验设计为 4×4 的组内设计,因素 1 为不同叠加形式下的 4 种不同数据结构目标识别能力(维度、类别、层级、信息源),因素 2 为 4 种编码叠加数量级(1/2/3/4 种叠加量级)。实验采用双目标视觉搜索实验范式,实验任务为多个数据节点之间的两两比较任务。实验素材为地理空间坐标可视化,所用数据来源于网络。该数据包含了 481 条某品牌在山东、四川、江苏等 10 个省内城市、省属区、商品销量、商品类型、经销商店等 22 类销售信息。

首先,将数据包中的所有数据按照 3.2 节中认知空间的四种结构属性进行分类,将相关的数据按照四大类别(维度—城市、类别—商品类型、层级—销量大小、信息源—所属区域)进行划分。随后,基于图 4-11 的数据结构与编码属性之间的表征映射关系,分别选取坐标点表征数据维度 D,形状表征数据类别 C,面积大小表征数据层级 H,色相表征数据信息源 S。随后,通过在线可视化软件(SaCa DataVis)生成对应的可视化图表,再由 Adobe Illustrate 软件对输出图表进行加工。每一种属性单独的编码形式如图 4-17 所示。

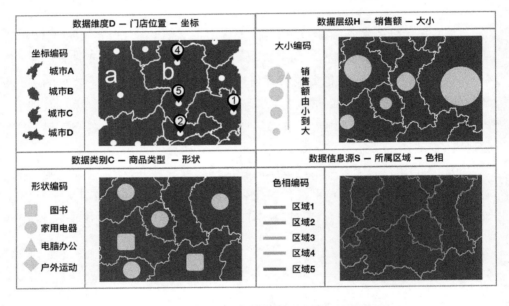

图 4-17　每一种属性单独的编码形式(扫码看彩图)

实验素材共 60 张,四种数据结构在四种编码叠加数量级下共包含 15 种编码叠加形式(见表 4.2)。每种编码编码形式均包含 4 张不同的可视化实验素材,对应的数据是从 10 个省随机选取抽取 4 个省的数据进行可视化。其中,只有一种属性编码的有 4 类,即维度、类别、层级、信息源中的任意一种;由两种属性进行编码叠加的素材有 6 类,即维度、类别、层级、信息源中任意两种的叠加;由三种属性进行编码叠加的素材有 4 类,即维度、类别、层级、信息源中任意三种的叠加;由四种属性进行编码叠加的素材有 1 类,即包含维度、类别、层级、信息源全部属性的编码叠加。图 4-18 是以山东省为例的 1 至 4 种叠加数量级的实验素材示例。

表 4.2 四种数量级下的编码叠加形式

叠加数量级	种类	种类编码叠加形式
1	4 类	D、C、H、S
2	6 类	D+C、D+H、D+S、C+H、C+S、H+S
3	4 类	D+C+H、D+C+S、D+H+S、C+H+S
4	1 类	D+C+H+S

注：D、C、H、S 分别指数据结构中的维度、类别、层级、信息源

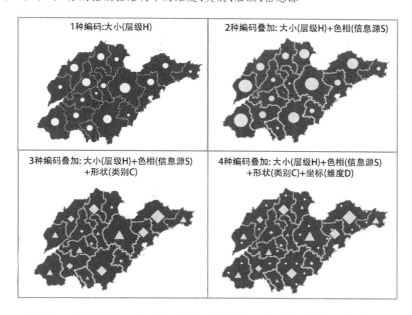

图 4-18 以山东省数据为例的 4 种叠加数量级素材示意（扫码看彩图）

4.5.3 实验程序设计

正式实验之前，需要对被试进行编码功能的说明，并通过练习保证被试熟悉任务和实验方法。正式实验时，被试在阅读完指导语后按任意键开始实验。每个被试依次浏览 60 张实验素材并根据任务进行判断，所有素材采用随机呈现的形式。可视化图表素材出现在屏幕中间，任务以文字的形式出现在图表上面，被试需要根据当前页面上的问题进行目标对象的搜索和判断，并按键做出反应。实验流程如图 4-19 所示。图 4-20 为实验任务示例：D+C+H+S 编码叠加下

对商品类型(类别 C 属性-形状编码)的实验任务示例。被试答题时间不受限制。被试做出反应后自动呈现下一张图片素材。整个实验时长约 0.2 h。

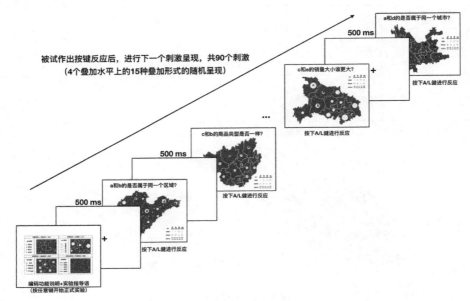

图 4-19　实验流程

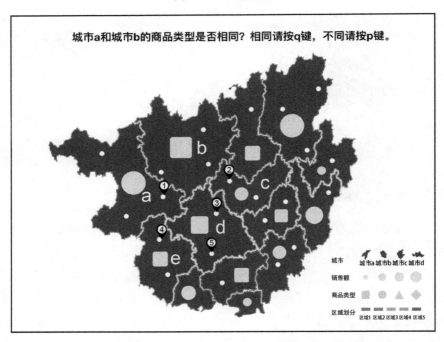

图 4-20　实验任务示例(D＋C＋H＋S 编码叠加形式)(扫码看彩图)

4.5.4 实验结果与分析

通过 R 软件对实验结果中的正确率和反应时数据进行逻辑回归和线性回归分析。反应分析时只计算正确条件下的反应,并去除大于 3 倍中位数绝对差的异常值(约 6.27%)。

首先,对 1 至 4 编码叠加数量级上所有任务的正确率和反应时数据进行统计分析。由于任务都是简单的视觉搜索,所有的正确率都在 90% 以上:1 种编码的平均正确率为 94.27%,2 种编码叠加的平均正确率为 91.32%,3 种编码叠加的平均正确率为 94%,4 种编码叠加的平均正确率为 92.5%。用户在正确率上差异并不显著($\Delta AIC=1.37$, $LLR\ \chi 2\ (1)=4.6273$, $p=0.20$),但随着属性叠加的量级从 1 到 4 的增多,在反应时间上有着显著增长($\Delta AIC=-21$, $LLR\ \chi 2\ (1)=27.01$, $p<0.001$)。这一结果符合预测,说明随着数据结构逐渐复杂,图元编码的叠加的确会影响用户的认知,因为用户读取图表信息过程中的认知资源需求随着编码叠加的复杂度逐级增加了。

此外,不同的属性叠加形式、属性叠加量级与不同数据结构目标识别三者之间的交互效应显著($\Delta AIC=6.47$, $LLR\ \chi 2\ (1)=38.46$, $p=0.0012$);不同的属性叠加形式与属性叠加量级在正确率上存在显著的交互效应($\Delta AIC=10.95$, $LLR\ \chi 2\ (1)=14.946$, $p<0.001$);四种数据结构的目标识别与属性叠加量级在反应时上存在显著的交互作用($\Delta AIC=284$, $LLR\ \chi 2\ (1)=302.379$, $p<0.001$)。以下分别为不同属性叠加量级上的结果分析:

(1) 1 种编码

被试对四种数据结构的目标识别在正确率上不存在显著差异,但是在反应时上存在显著差异($\Delta AIC=-15.2$, $LLR\ \chi 2\ (1)=21.135$, $p<0.001$)。对反应时进行 LSD 验后多重比较检验,结果如表 4.3 所示。其中,用户识别维度 D、信息源 S 的反应时间显著少于识别层级 H 的时间,说明采用一种编码形式时层级属性的识别难度最高。

(2) 2 种编码叠加

图 4-21 显示了在 2 种编码叠加数量级上分别对四种数据结构属性的感知上的正确率和反应时。被试对四种数据结构的目标识别在正确率上存在显著差异($\Delta AIC=-12.93$, $LLR\ \chi 2\ (1)=18.924$, $p<0.001$),在反应时上也存在显著差异($\Delta AIC=-136.8$, $LLR\ \chi 2\ (1)=142.87$, $p<0.001$)。对正确率和反

表 4.3　1 种编码叠加时反应时的 LSD 验后多重比较检验

特征	(I)	(J)	均值差 (I−J)	标准误	p	95% 置信区间	
						下限	上限
反应时	类别 C	维度 D	498.923	539.723 5	0.36	−588.818	1 586.665
		层级 H	−825.534	539.723 5	0.133	−1 913.276	262.207
		信息源 S	618.729 2	539.723 5	0.258	−469.012	1 706.47
	维度 D	类别 C	−498.923	539.723 5	0.36	−1 586.665	588.818
		层级 H	−1 324.458*	539.723 5	0.018	−2 412.2	−236.717
		信息源 S	119.805	539.723 5	0.825	−967.936	1 207.547
	层级 H	类别 C	825.534	539.723 5	0.133	−262.207	1 913.276
		维度 D	1 324.458*	539.723 5	0.018	236.717	2 412.2
		信息源 S	1 444.263**	539.723 5	0.01	356.523	2 532.005
	信息源 S	类别 C	−618.729	539.723 5	0.258	−1 706.47	469.012
		维度 D	−119.805	539.723 5	0.825	−1 207.547	967.936
		层级 H	−1 444.263**	539.723 5	0.01	−2 532.005	−356.523

注:"*"表示均值差的显著性水平为 0.05,"**"表示均值差的显著性水平为 0.01。

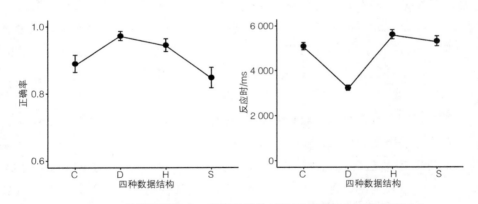

图 4-21　四种数据结构在 2 种属性叠加时的正确率(左)与反应时(右)

应时进行 LSD 验后多重比较检验,结果见表 4.4。结果显示,用户对于信息源 S 与维度 D、层级 H 三个属性在正确率上存在显著差异,信息源 S 的认知绩效相较于两者更低,且维度 D 的认知绩效显著高于类别 C。在反应时上,维度 D 与类别 C、层级 H 以及信息源 S 之间均存在显著差异,说明用户对维度 D 的识别时间较其他三者最短,认知速度最快。

表 4.4　2 种编码叠加时反应时的 LSD 验后多重比较检验

特征	(I)目标数据结构	(J)目标数据结构	均值差(I—J)	标准误	p	95% 置信区间	
						下限	上限
正确率	类别 C	维度 D	−0.083 3*	0.037 7	0.029	−0.158	−0.009
		层级 H	−0.055 6	0.037 7	0.143	−0.13	0.019
		信息源 S	0.041 7	0.037 7	0.271	−0.033	0.116
	维度 D	类别 C	0.083 3*	0.037 7	0.029	0.009	0.158
		层级 H	0.027 8	0.037 7	0.462	−0.047	0.102
		信息源 S	0.125 0**	0.037 7	0.001	0.051	0.199
	层级 H	类别 C	0.055 6	0.037 7	0.143	−0.019	0.13
		维度 D	−0.027 8	0.037 7	0.462	−0.102	0.047
		信息源 S	0.097 2*	0.037 7	0.011	0.023	0.172
	信息源 S	类别 C	−0.041 7	0.037 7	0.271	−0.116	0.033
		维度 D	−0.125 0**	0.037 7	0.001	−0.199	−0.051
		层级 H	−0.097 2*	0.037 7	0.011	−0.172	−0.023
反应时	类别 C	维度 D	1 955.681***	371.365 7	0.000	1 221.471	2 689.891
		层级 H	−406.039 4	371.365 7	0.276	−1 140.249	328.171
		信息源 S	−98.495 4	371.365 7	0.791	−832.705	635.715
	维度 D	类别 C	−1 955.681***	371.365 7	0.000	−2 689.891	−1 221.471
		层级 H	−2 361.719***	371.365 7	0.000	−3 095.93	−1 627.51
		信息源 S	−2 054.176***	371.365 7	0.000	−2 788.386	−1 319.966
	层级 H	类别 C	406.039 4	371.365 7	0.276	−328.171	1 140.249
		维度 D	2 361.719***	371.365 7	0.000	1 627.51	3 095.93
		信息源 S	307.544	371.365 7	0.409	−426.666	1 041.754
	信息源 S	类别 C	98.495 4	371.365 7	0.791	−635.715	832.705
		维度 D	2 054.175 9***	371.365 7	0.000	1 319.966	2 788.386
		层级 H	−307.544	371.365 7	0.409	−1 041.754	426.666

注:"*"表示均值差的显著性水平为 0.05,"**"表示均值差的显著性水平为 0.01,"***"表示均值差的显著性水平为 0.001。

（3）3 种编码叠加

图 4-22 显示了在 3 种编码叠加数量级上四种数据结构属性的感知上的正确率和反应时。被试对四种数据结构的目标识别在正确率上存在显著差异（$\Delta AIC = -14.78, LLR \chi2 (1) = 20.788, p < 0.001$），在反应时上也存在显著差异（$\Delta AIC = -103, LLR \chi2 (1) = 108.65, p < 0.001$）。

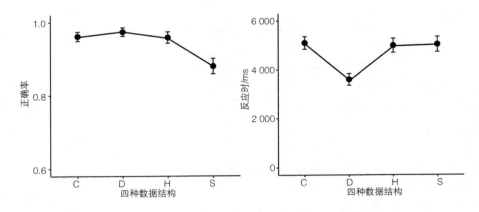

图 4-22　四种数据结构在 3 种属性叠加时的正确率（左）与反应时（右）

对正确率和反应时进行 LSD 验后多重比较检验，结果如表 4.5 所示。其中，信息源 S 的正确率明显较其他三种最低，说明用户对信息源表征的认知难度最大，认知绩效最差；在反应时上，维度 D 与类别 C、层级 H 以及信息源 S 之间存在显著差异，说明用户识别维度 D 的反应时间较其他三者最短，认知速度最快。

表 4.5　3 种编码叠加时正确率和反应时的 LSD 验后多重比较检验

特征	(I) 目标数据结构	(J) 目标数据结构	均值差（I-J）	标准误	显著性	95% 置信区间	
						下限	上限
正确率	类别 C	维度 D	-0.013 9	0.028 7	0.629	-0.071	0.043
		层级 H	0.003 5	0.028 7	0.904	-0.053	0.06
		信息源 S	0.097 2*	0.028 7	0.001	0.04	0.154
	维度 D	类别 C	0.013 9	0.028 7	0.629	-0.043	0.071
		层级 H	0.017 4	0.028 7	0.546	-0.039	0.074
		信息源 S	0.111 1*	0.028 7	0.000	0.054	0.168

(续表)

特征	(I) 目标数据结构	(J) 目标数据结构	均值差 (I−J)	标准误	显著性	95% 置信区间	
						下限	上限
正确率	层级 H	类别 C	−0.003 5	0.028 7	0.904	−0.06	0.053
		维度 D	−0.017 4	0.028 7	0.546	−0.074	0.039
		信息源 S	0.093 8*	0.028 7	0.001	0.037	0.151
	信息源 S	类别 C	−0.097 2*	0.028 7	0.001	−0.154	−0.04
		维度 D	−0.111 1*	0.028 7	0.000	−0.168	−0.054
		层级 H	−0.093 8*	0.028 7	0.001	−0.151	−0.037
反应时	类别 C	维度 D	1 391.881 1***	329.358	0.000	740.723	2 043.04
		层级 H	−77.411 3	329.358	0.815	−728.57	573.747
		信息源 S	−25.994 6	329.358	0.937	−677.153	625.164
	维度 D	类别 C	−1 391.881***	329.358	0.000	−2 043.04	−740.723
		层级 H	−1 469.292***	329.358	0.000	−2 120.451	−818.134
		信息源 S	−1 417.875***	329.358	0.000	−2 069.034	−766.717
	维度 D	类别 C	77.411 3	329.358	0.815	−573.747	728.57
		维度 D	1 469.292 4***	329.358	0.000	818.134	2 120.451
		信息源 S	51.416 6	329.358	0.876	−599.742	702.575
	信息源 S	类别 C	25.994 6	329.358	0.937	−625.164	677.153
		维度 D	1 417.875 8***	329.358	0.000	766.717	2 069.034
		层级 H	−51.416 6	329.358	0.876	−702.575	599.742

注:"*"表示均值差的显著性水平为 0.05,"**"表示均值差的显著性水平为 0.01,"***"表示均值差的显著性水平为 0.001。

(4) 4 种编码叠加

图 4-23 显示了当采用 4 种编码叠加时,被试对四种数据属性的正确率和反应时。被试对四种数据结构的目标识别在正确率上不存在显著差异($\Delta AIC = -0.41, LLR \chi2 (1) = 6.403\ 9, p = 0.093$),但在反应时上依然存在显著差异($\Delta AIC = -56.4, LLR \chi2 (1) = 62.403, p < 0.001$)。

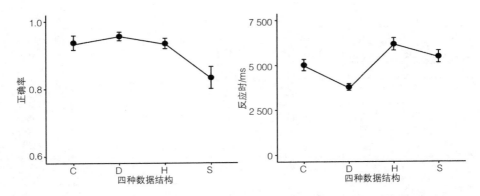

图 4-23　四种数据结构在 4 种属性叠加时的正确率(左)与反应时(右)

表 4.6　4 种编码叠加时反应时的 LSD 验后多重比较检验

特征	(I) 目标数据结构	(J) 目标数据结构	均值差（I−J）	标准误	显著性	95% 置信区间	
						下限	上限
反应时	类别 C	维度 D	1 559.817 1*	764.850 7	0.047	18.362	3 101.272
		层级 H	−1 024.893 4	764.850 7	0.187	−2 566.349	516.562
		信息源 S	−320.722 2	764.850 7	0.677	−1 862.178	1 220.733
	维度 D	类别 C	−1 559.817 1*	764.850 7	0.047	−3 101.272	−18.362
		层级 H	−2 584.710**	764.850 7	0.002	−4 126.166	−1 043.255
		信息源 S	−1 880.539 3*	764.850 7	0.018	−3 421.995	−339.084
	层级 H	类别 C	1 024.893 4	764.850 7	0.187	−516.562	2 566.349
		维度 D	2 584.710 4**	764.850 7	0.002	1 043.255	4 126.166
		信息源 S	704.171 1	764.850 7	0.362	−837.284	2 245.626
	信息源 S	类别 C	320.722 2	764.850 7	0.677	−1 220.733	1 862.178
		维度 D	1 880.539 3*	764.850 7	0.018	339.084	3 421.995
		层级 H	−704.171 1	764.850 7	0.362	−2 245.626	837.284

注："*"表示均值差的显著性水平为 0.05，"**"表示均值差的显著性水平为 0.01。

对反应时进行 LSD 验后多重比较检验，结果如表 4.6 所示。其中，维度 D 与类别 C、层级 H 以及信息源 S 之间的反应时均存在显著差异，说明被试对维度 D 的识别时间和认知速度较其他三者最快。

(5) 所有编码形式

图 4-24 更清楚地呈现出实验中的 15 种属性叠加形式下的正确率和反应时。由于任务都是简单的视觉搜索,用户在正确率上差异并不显著,但随着编码叠加数量的增加,15 种叠加形式在反应时上的差异显著($\Delta AIC = -44$, $LLR\chi 2(1) = 63.316, p < 0.001$),这 15 种叠加形式的反应时总体呈上升水平。从图 4-24(b)中可以看出,单一编码形式中采用色相编码表征数据信息源 S 的反应时间最短,四种编码 DCHS 叠加形式的反应时间最长。同时,从图中可以明显可以看出,一种属性叠加不同的其他属性时的认知绩效也存在差异。例如,在 2 种属性叠加下,HS、HC 和 CS 的识别时间明显高于 DC、DH 和 DS 的组合形

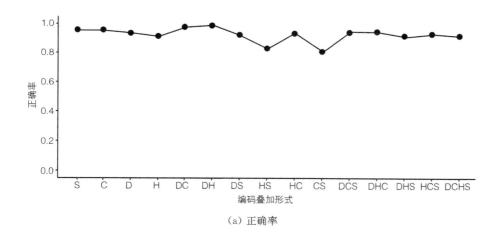

(a) 正确率

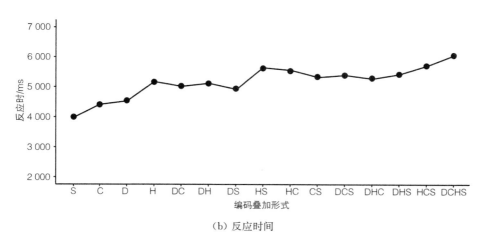

(b) 反应时间

图 4-24 实验中的 15 种属性叠加形式下的正确率和反应时

式,而 HS 和 SC 的正确率也明显低于其他形式;从 2 种到 3 种属性叠加形式变化中,HS 分别叠加 D、C 的组合(HSD 和 HSC)和 CS 叠加 D、H 的组合(DCS 和 HCS)的正确率都提高了,反应时间几乎没有变化甚至反应时有所下降,说明这几种组合的叠加的复杂度并不会增加用户的认知负荷。

4.5.5 讨论

基于实验结果可知,图元表征的复杂度与数据结构的复杂度是一一对应的,当数据结构越来越复杂时,需要编码的属性数量越多,图元关系的表征形式复杂度也随之增加,视觉编码也就越复杂,而这种图元编码的叠加的确会影响用户的认知,因为用户读取图表信息过程中的认知资源需求随着编码叠加的复杂度逐级增加。

四种属性在编码叠加上的差异进一步证明了用户对于定距表征、定类表征、定序表征和定性表征四种表征形式的认知与识别存在差异。实验分析结果中,维度(D)在不同叠加数量级上的认知绩效均为最优,说明用户对于采用坐标编码的定距表征的识别能力最高。信息源(S)的认知绩效在 1 种编码时认知绩效较好,而在 2 种和 3 种数据叠加数量级上均较差,说明采用色相编码的定性表征最容易受到编码叠加数量级的影响。这一结果也证明了基于认知空间的维度(D)、类别(C)、层级(H)、信息源(S)四种属性的认知识别在编码叠加数量增加过程中的确存在显著差异。根据在 4.4.3 小节提出的映射关系,维度属性 D 对应定距表征,这类角度、方向、坐标轴等表征形式主要以位置变化进行呈现,不需要精确的数值比较,因此用户对维度属性 D 的识别绩效最优。而实验中城市所属区域的信息源 S 对应的是定性表征(色相),这类表征形式主要通过对具有某种共同属性或特征的数据节点进行相似呈现,需要用户先搜索目标所在的城市位置,然后再对所在位置的属性进行判断,当属性叠加只有 1 种时,用户对颜色的识别是最快的,但当表征叠加形式较复杂时,这一过程比识别形状表征(类别属性 C)和大小表征(层级属性 H)的过程多了一个属性判断过程,因此也最容易被其他因素干扰,这也是用户对于 2 种以上叠加形式中信息源 S 的识别绩效较其他三者更低的原因。

本实验的局限性有两点:一是由于时长限制,编码叠加的数量级只涉及了 1 到 4 级,对于 4 级以上更加复杂的编码叠加的绩效只能根据实验结果的趋势进行推理,这一部分的结论需要后续研究的进一步验证;二是维度(D)、类别(C)、层级（H）、信息源（S）四种数据结构编码表征形式比较单一，可能存在仅是由于某一种编码形式自身的认知差异引起的结果变化，可以通过后续研究进一步细化实验设计以排除这一可能的干扰因素。

总的来说，优化数据复杂度的核心是建立从数据结构到图元关系之间视觉编码的匹配，从而帮助用户快速建立从数据到视觉的语义对应。只有通过提高数据结构与图元编码之间的匹配度，才可以有效地降低可视化的数据复杂度，但需要注意在具体实施图元编码时不同数据结构属性的认知特性和叠加形式。此外，在同一可视化图像、同一视图内和同一窗口中，涉及了多种图元关系的匹配与叠加，并且随着叠加的属性编码增多图元编码的过度叠加会超过人的感知极限、影响认知绩效，需要按照色彩搭配合理、形式统一与风格一致的视觉编码原则来设计，还可以采用多个视图进行分屏呈现以保证整个可视化的视觉匹配与平衡。

综上，本章提出的基于数据结构的图元编码映射方法建立了从数据到图元关系的一一映射，简化了传统可视化图元编码的过程，可以为设计师和用户在构建、分析数据可视化图表时提供一定的参考。

4.6 本章小结

本章首先对大数据信息单元的空间复杂度进行了分析，提出了基于认知空间的数据结构分类方法，并基于 R 语言实现了对该方法的数据结构重构。在此基础上，提出了基于认知空间的数据结构与图元编码表征映射关系，建立了从数据到图元关系的一一映射，简化了传统可视化图元编码的过程。并通过实验进一步研究了图元编码表征映射时不同叠加数量级、叠加形式的条件下对认知绩效的影响。

5 大数据可视化的视觉复杂度研究

大数据可视化的界面图像复杂度属于视觉复杂度的研究范畴，与复杂度的本质属性和内在构成相关。本章将围绕视觉层面的复杂度展开分层解构的研究，对构成可视化复杂度的影响因素和构成进行抽丝剥茧，并通过实验来验证假设，从而从根本上分解大数据可视化的视觉复杂度。

5.1 大数据可视化的视觉复杂度解析

大数据可视化与普通的人机界面不同，可视化图像受到的约束较少，其视觉呈现形式具有更广的自由度，可以展示各种更具鲜明的风格图像。由 1.2.2 节中的文献分析可知，无论是主观还是客观的复杂度，都不能完整反映出可视化的视觉复杂度。从主观复杂度的角度来看，如果复杂度与人的主观感知相关，那么不同熟悉度的人看待同一个对象的复杂度也不相同；而客观度量方法也不能完整反映出用户对复杂的认知，因为在实践中单纯地计算目标对象的物理属性不能反映出与人有关的因素对行为结果的影响。

因此，关于可视化应该采用客观复杂度还是主观复杂度的度量方式这一问题，需要采用客观和主观结合的测量方法对复杂度进行分层解构的研究，才能够全面评估可视化的复杂度。基于现有的关于复杂度及其认知影响的研究基础，分析可视化中的视觉复杂度主要围绕以下两个方面展开。

（1）影响大数据可视化视觉复杂度的客观属性

目前，已有的客观复杂度研究中提到了很多与复杂度相关的客观属性，但由于不同主体对象的差异，一些属性作为大数据可视化复杂度的度量标准并不合适，因此研究视觉层面的复杂度，首先需要针对可视化的界面特征来提取影响复杂度的客观属性因素。可视化中的客观属性较多，有一些属性都是可以量化、通过计算得到的，如图表数量、窗口尺寸、颜色数量等；但大数据可视化视觉元素中还有一部分属性是难以计算的，即与空间组织和视觉结构相关的视觉形式，如对称性等视觉组织形式。在这些客观属性中，哪些属性并不会影响可视化的复杂度？哪些属性会影响可视化的复杂度？它们又是如何影响的？需要进一步确定这些客观属性与复杂度之间的关系。

（2）主观熟悉度与大数据可视化视觉复杂度之间的关联性

除了客观属性之外，主观属性中的熟悉度也被认为可能影响复杂度，但目前没有研究涉及可视化的复杂度，所以用户熟悉度对可视化复杂度的影响尚不明确。很多主张客观复杂度的学者认为熟悉度是干扰因素，并且许多主张主观复杂度的研究也发现采用主观评分时复杂度与熟悉度之间呈负相关关系；但也有研究证明了熟悉度并不影响复杂度。因此，熟悉度与可视化的复杂度之间存在什么关系，两者是相互独立于认知行为还是存在相互影响的交互作用，需要进一步确定二者之间的关系才能找到这些问题的答案。

围绕上述两个核心问题，只有找到影响大数据可视化视觉复杂度的核心属性，才能从根上解释大数据可视化的视觉复杂度构成。因此，我们采用主观和客观结合的实验研究方法，分别从数据可视化视觉复杂度的客观属性和复杂度与用户熟悉度的关联性两个方面对可视化的视觉复杂度进行了分层解构的探索实验。

5.2 大数据可视化视觉复杂度的客观属性研究

从图像用户界面的范畴来说，视觉复杂度代表的是图像或界面中各元素之间的复杂程度。通过1.2.2节中对复杂度相关文献的整理分析发现，现有的复杂度评估研究是基于不同的研究对象和侧重点，这些结论对实验素材的依赖性太强，普适性较低，相关因素之间有的相互重叠，有的各不一样。例如：网页中的视觉复杂度一般只包含链接、图片和文字，所以文字的数量对于复杂度影响最大；而一般的人机界面中以图标、窗口、控件、导航、文字等元素为主，不仅布局形式类型单一，图表类信息较少，图标类元素较多，这些客观属性很大一部分难以适用于大数据可视化界面。

大数据可视化图像由大大小小、形态各异的多种视觉元素组成，所包含的客观属性的类型和种类很多,且每一个视觉元素都有不同的特点。特别是在交互式大数据可视化界面中,其界面元素主要以图表、视图、窗口和背景为主,其中图表占据重要位置,而图标、文字、控件的比重较少。因此,现有的关于视觉复杂度的客观属性没有一个完全适合大数据可视化。

5.2.1 复杂度与视觉秩序

通过文献分析发现,复杂度与信息的空间组织和视觉结构有关。[175-177]例如,Kemps[178]发现视觉复杂度对工作记忆的影响是由可量化的客观物理属性和结构因素共同决定的,这种结构因素与元素的位置相关;King 等[179]将网页的视觉复杂度分成特征复杂度和设计复杂度两个维度,一个对应视觉元素的复杂程度,一个代表设计形式的复杂程度。也就是说,视觉结构也可能会影响可视化的视觉复杂度的认知加工。从格式塔心理学的角度,人的视知觉过程具有能动性和选择性,视知觉会主动对易于把握的有序化对象进行有限选择;从视觉经验来说,视觉感知是基于自然规律和生理秩序的感知和选择。但是,文献中关于视觉形式的描述过于宽泛且不统一,如顺序、不对称性、不规则性、组织杂乱、可辨别性、差异性等。

由此,本研究提出一个"视觉秩序(Visual Order)"的概念,指用户在感知可视化过程中基于视觉经验和审美心理的感知秩序,对应了可视化中的均衡、对称的视觉形式。根据不同的对象,可视化的视觉秩序可以进一步分成整体布局的视觉秩序和主图表的布局秩序。布局的视觉秩序指的是整个可视化图像的布局视觉形式的规律程度;主图表的视觉秩序指的是在可视化布局中占比最大的图表与整体布局之间的分布规律。两种视觉秩序都可能会影响用户对整个可视化复杂度的感知判断,因而需进一步展开研究。

(1)整体布局的视觉秩序的计算指标

整体布局的视觉秩序与整体可视化中各元素的分布均衡性(Equilibrium)和对称性(Symmetry)两种特性相关。平衡度可以参考物理学中的"力矩平衡"理论,在周蕾等[180]提出的界面布局美度计算指标中,界面中心对称轴两侧元素的体量和离心距的积之和可以预测界面的平衡感。因此,分布均衡性也可以参考这一理论,可以基于可视化中各元素的中心点所在位置与可视化界面的水平、垂直对称轴的数量分布的平衡度来计算均衡性。而对称性可以根据各元素的中心点对于整体界面的垂直、水平 2 个方向之间的对称程度进行计算。考虑到整体布局的视觉秩序是由对称性和均衡性共同构成的,且两者对于布局秩序的重要性相同,因此两者权重设为0.5。

其中,均衡性的计算方法为:

$$D_{e,a} = 1 - \frac{\left|\frac{\omega_L - \omega_R}{\max(|\omega_L|,|\omega_R|)}\right| + \left|\frac{\omega_T - \omega_B}{\max(|\omega_T|,|\omega_B|)}\right|}{2} \tag{5.1}$$

对称性的计算方法为:

$$D_{s,y} = 1 - \frac{|SY_{vertical}| + |SY_{horizontal}|}{2} \tag{5.2}$$

因此,定义整体布局(Overall Layout)的视觉秩序的计算方法为:

$$VO_{overall,a} = 0.5 \times \left(1 - \frac{\left|\frac{\omega_L - \omega_R}{\max(|\omega_L|,|\omega_R|)}\right| + \left|\frac{\omega_T - \omega_B}{\max(|\omega_T|,|\omega_B|)}\right|}{2}\right) +$$

$$0.5 \times \left(1 - \frac{|SY_{vertical}| + |SY_{horizontal}|}{2}\right) \tag{5.3}$$

$$\omega_j = \sum_{i}^{n_j} \alpha_{ij} d_{ij}, j = L, R, T, B \tag{5.4}$$

$SY_{vertical}$、$SY_{horizontal}$ 分别指垂直和水平方向的对称程度:

$$SY_{vertical} = \frac{\begin{array}{c}|X'_{UL} - X'_{UR}| + |X'_{LL} - X'_{UR}| + |Y'_{UL} - Y'_{UR}| + |Y'_{LL} - Y'_{LR}| + \\ |H'_{UL} - H'_{UR}| + |H'_{LL} - H'_{UR}| + |B'_{UL} - B'_{UR}| + |B'_{LL} - B'_{UR}| + \\ |\theta'_{UL} - \theta'_{UR}| + |\theta'_{LL} - \theta'_{UR}| + |R'_{UL} - R'_{UR}| + |R'_{LL} - R'_{UR}|\end{array}}{12}$$

$$\tag{5.5}$$

$$SY_{horizontal} = \frac{\begin{array}{c}|X'_{UL} - X'_{LL}| + |X'_{UR} - X'_{LR}| + |Y'_{UL} - Y'_{LL}| + |Y'_{UR} - Y'_{LR}| + \\ |H'_{UL} - H'_{LL}| + |H'_{UR} - H'_{LR}| + |B'_{UL} - B'_{LL}| + |B'_{UR} - B'_{LR}| + \\ |\theta'_{UL} - \theta'_{LL}| + |\theta'_{UR} - \theta'_{LR}| + |R'_{UL} - R'_{LL}| + |R'_{UR} - R'_{LR}|\end{array}}{12}$$

$$\tag{5.6}$$

且有:

$$X_j = \sum_i^{n_j} |x_{ij} - x_{cj}|, j = UL, UR, LL, LR \quad (5.7)$$

$$Y_j = \sum_i^{n_j} |y_{ij} - x_{cj}|, j = UL, UR, LL, LR \quad (5.8)$$

$$H_j = \sum_i^{n_j} h_{ij} \quad (5.9)$$

$$B_j = \sum_i^{n_j} b_{ij} \quad (5.10)$$

$$\theta_j = \sum_i^{n_j} \left| \frac{y_{ij} - y_c}{x_{ij} - x_c} \right| \quad (5.11)$$

$$R_j = \sum_i^{n_j} \sqrt{(x_{ij} - x_c)^2 + (y_{ij} - y_c)^2} \quad (5.12)$$

$$O'_i = \frac{O_i - \min_{1 \leq j \leq n}\{O_j\}}{\max_{1 \leq j \leq n}\{O_j\} - \min_{1 \leq j \leq n}\{O_j\}} \quad (5.13)$$

其中，α_{ij} 表示物体 i 在 j 部分的面积；d_{ij} 表示物体中心线和界面中心线之间的距离；n_j 表示某一部分包含的视觉元素数量；L、R、T 和 B 分别表示界面空间的左、右、上、下部分；UL、UR、UT 和 UB 分别指代可视化图像的左上区域、右上区域、左下区域和右下区域；X'_j、Y'_j、H'_j、B'_j、θ'_j 和 R'_j 分别为 X_j、Y_j、H_j、B_j、θ_j 和 R_j 规范化处理后的无量纲值，(x_{ij}, y_{ij}) 和 (x_c, y_c) 分别为物元素 i 在四分之一部分 j 的中心坐标；b_{ij} 和 h_{ij} 是该元素的宽度和高度；n_j 是该四分之一部分的元素数量。

(2) 主图表视觉秩序的计算指标

主图表(Primary Table)的视觉秩序指的是可视化中最大的图表的视觉形式与整体之间的位置关系是否规律，可以基于主图表的中心点与整个可视化轴和 y 轴上的中心点之间的位置差异进行计算。

主图表视觉秩序的计算方法为：

$$VO_{primary, i} = 1 - \frac{\left|\frac{2\alpha_i(x_i - x_c)}{b_f \alpha_i}\right| + \left|\frac{2\alpha_i(y_i - y_c)}{h_f \alpha_i}\right|}{2} \quad (5.14)$$

其中，$(x_i - x_c)$ 和 $(y_i - y_c)$ 分别表示主图表 i 和可视化整体界面的中心的

坐标；a_i 是主图表的面积；b_f 和 h_f 是可视化界面的宽度和高度。同时需要注意 $|x_i-x_c|$ 和 $|y_i-y_c|$ 的最大值为 $b_f/2$ 和 $h_f/2$。

5.2.2 构成视觉复杂度的客观属性选取

虽然图像认知领域中度量复杂度的客观属性各不一样，但都主要涉及视觉对象中的数量、大小、多样性三大类属性[54]，并且当这些相关客观属性的数量越多，就越复杂。因此，基于前面的分析和大数据可视化的界面特征以及相关文献中的视觉复杂度关联属性，本研究按照视觉秩序、数量、大小和多样性四个基本大类别，初步选取了 15 个大数据可视化视觉复杂度的客观属性，每种属性的具体说明及每种属性的统计标准如表 5.1 所示。

表 5.1　实验中 15 种客观属性的统计标准

	客观属性		说明	统计标准
1	整体布局视觉秩序	均衡性＋对称性	基于可视化中各元素的中心点所在位置与可视化界面的水平/垂直对称轴的数量分布来计算	根据式（5.3）计算
			各元素的中心点对于整体界面的垂直/水平/对角线 3 个方向之间的对称程度	
2	主图表视觉秩序		主图表的中心点与整个可视化中心之间的位置差异进行计算	根据式（5.14）计算
3	图表数量		可视化中所包含的图表总量	
4	分区数量		指示图中明确区分的区域数量	
5	色彩数量		可视化图像中的色彩数量，包括背景色彩、图表色彩和文字图像色彩	按照数量记作 n
6	注释数量		注释包括图标、文字等说明的数量	
7	控件数量		可视化图像中的各种控件数量	
8	数据结构		根据式（4.1）$CD = D_n \times C_j \times H_i \times S_m$	对计算结果进行离散化处理后分成 1～5 种水平
9	图表占比		所有图表在整个可视化中的大小比例	通过 CAD 将图表、留白等区域描绘成封闭图形可以直接读取面积数据，比例按照百分比记作 0～1，如 30%，记作 0.3
10	留白区域占比		留白是指不包含视觉元素的纯色区域在可视化界面图像中的大小比例	
11	地图占比		如包含地图，地图区域在整个可视化中的比例	
12	注释占比		图标、文字等注释元素在整个可视化中的比例	

(续表)

客观属性		说明	统计标准
13	3D元素	是否包含三维空间元素	包含记作1,不包含记作0
14	地图元素	是否包含地图	
15	场景层次	背景色、背景纹理等场景的结构层次数量	按照数量记作 n

5.2.3 视觉复杂度及其构成属性的相关性研究

为了进一步确定前一节提出的15个客观属性与大数据图像复杂度之间的关联性,本节将主观评价结果与客观属性统计结果进行了相关性分析,并根据分析结果提取与复杂度得分存在显著相关性的客观属性,剔除与视觉复杂度不相关的客观属性。

5.2.3.1 实验对象

我们招募了80名志愿者(48男,32女)对36张可视化图像的视觉复杂度、认知复杂度和熟悉度三个指标进行了5分制的李克特量表评分。实验前告知被试实验内容,确保被试对了解所有指标的评价标准。

5.2.3.2 问卷设计

首先,对国内外各类知名可视化图像进行搜集、筛选,随后选择36张具有代表性的可视化图像并随机编号,既包含仅可读的静态数据可视化图像,也包含基于软件框架的数据分析可视化界面图像和基于网页框架的可交互式可视化界面图像。

实验主要考察了复杂度和熟悉度的主观评分。为了探索人的主观感受是否能够区分客观层面的复杂度与认知层面的复杂度,实验特别将复杂度分成了视觉复杂度和认知复杂度。在问卷中,熟悉度被定义为对图片的熟悉程度(1~5的评分熟悉度逐步增加,1=完全不熟悉,2=有点熟悉,3=一般熟悉,4=比较熟悉,5=非常熟悉);视觉复杂度被定义为图片中的物理细节程度和复杂错综程度(1~5的评分复杂度逐步增加,1=非常简单,5=非常复杂);认知复杂度被定义图片的信息负荷和认知识别、辨别难易程度(1~5的评分复杂度逐步增加,1=非常简单,5=非常复杂)。为防止顺序效应,每个被试的可视化浏览顺序都是随机的。

5.2.3.3 结果与分析

一般来说,被试的主观评分容易出现较强的可变性,因此需要对每个被试的评分先进行归一化处理,将评分数据映射到[0,1]区间内,然后再对这些经过归一化处理后数据进行分析。线性函数归一化公式如下：

$$X_{norm} = \frac{X - X_{\min}}{X_{\max} - X_{\min}} \tag{5.15}$$

其中，X 为原始数据，$X_{\max}$ 与 $X_{\min}$ 为该被试所有评分数据中的最大值和最小值。

所有可视化图片的 15 种客观属性值根据表 5.1 中的统计方法进行计算。随后，通过 SPSS 软件对所有可视化图片的 15 种客观属性值与视觉复杂度评分进行了相关性分析，其中地图、3D 效果属于分类变量，采用 Spearman 相关性进行分析，其他 13 个客观属性属于数值变量，采用 Pearson 相关性进行分析。15 个客观属性与视觉复杂度之间的相关性分析结果如表 5.2 所示。

由相关性分析结果可知，控件数量、地图占比、主表秩序、是否包含 3D 效果，以及是否包含地图元素这 5 个客观属性与视觉复杂度不存在显著的相关性，因此可以剔除。而数据结构、分区数量、布局秩序、注释占比、留白占比、场景层次、图表数量、图表占比、注释种类和色彩数量这 10 个客观属性均与视觉复杂度存在显著的相关性，且相关性的大小依次递减。其中，图表数量、色彩数量、注释种类、图表占比、注释占比、场景层次和数据结构这 7 个客观属性与视觉复杂度呈正相关关系；分区数量、留白占比、整体布局视觉秩序这 3 个属性与视觉复杂度的评分呈负相关关系。这一结果说明整体布局的视觉秩序越高，可视化的复杂度越低，越易于加工认知。从视觉层面上来看，当其他客观属性相同的水平下，整体布局的视觉秩序度越高，信息分布越有规律可循，有秩序的界面更容易查找、定位信息，额外消耗的工作记忆资源更少，自然处理起来较简单，复杂度也就自然降低了。

表 5.2　15 个客观属性与视觉复杂度之间的相关性分析结果

	视觉复杂度			视觉复杂度	
	r	显著性		r	显著性
图表数量	0.311*	0.033	注释占比	0.418**	0.003
分区数量	−0.817**	0.004	3D 效果	0.188	0.207
色彩数量	0.272*	0.037	地图元素	0.225	0.128
注释种类	0.297*	0.042	场景层次	0.359*	0.037
控件数量	0.012	0.935	布局秩序	−0.526*	0.017
图表占比	0.298*	0.042	主表秩序	0.127	0.295
留白占比	−0.390**	0.007	数据结构	0.884**	0.003
地图占比	0.138	0.356			

注：* 表示 $p<0.05$，** 表示 $p<0.01$，*** 表示 $p<0.001$。

最后，通过 SPSS 软件对视觉复杂度、认知复杂度和熟悉度三个因素之间的相关性系数进行计算，发现视觉复杂度与认知复杂度中等相关（$r=0.32, p<0.001$），而熟悉度与认知复杂度呈强负相关关系（$r=-0.58, p<0.01$），与视觉复杂度相关性较弱（$r=-0.08, p<0.001$，r 小于 ± 0.10 通常为不相关），且熟悉度越高认知复杂度的评分越低。这一相关性的结果与之前的研究发现均不相同，前人的研究结果中关于熟悉度与复杂度之间的相关性通常在两者之间，例如 Snodgrass 等人[48]发现的相关性是 $r=-0.466$，McDougall[184]发现的相关性是 $r=-0.31$，Guo 和 Wang[181]发现的相关性是 $r=-0.419$。这一差异说明过去的实验指导说明中常常把两者混淆，在实验指导中应该明确指明是基于哪一种复杂度的评分。

综上，通过视觉复杂度及其构成属性的相关性研究，我们确定了影响大数据可视化图像的视觉复杂度的 10 个客观属性，将视觉复杂度与可视化的视觉元素建立了相关性的对应，并通过数据结果分析出每一种构成属性对于视觉复杂度的相关性程度及关系，进而有助于后面进一步的视觉复杂度分层研究。此外，结果初步证明了熟悉度对于用户在认知层面复杂度的影响较大，需要进一步展开熟悉度与视觉复杂度的关联性研究。

5.3 复杂度与熟悉度的关联性实验

目前，关于熟悉度的研究主要集中在图像的标准化研究中，通常熟悉度被定义为了目标对象出现的频率。例如，Snodgrass 和 Vanderwart[48]最早在主观评分实验中将熟悉程度定义为"目标对象在您的经验中不寻常程度"。Alario 等[49]将熟悉度定义为被试对目标概念的熟悉程度。Rodrigues 等[182]将熟悉程度定义为"在日常生活中遇到或看到这种刺激的频率，越频繁遇到的刺激越熟悉"。而熟悉度与复杂度的关联性一直是复杂度研究中的核心争论点，相关研究结果存在一些相互矛盾的结论。例如，一些学者在主观研究中都验证了复杂度与熟悉度之间的负相关关系，发现越复杂的图像往往对其熟悉度越低[181]；而一些学者则发现了两者之间呈"倒 U 型"关系[183]；还有一些学者则发现复杂度与熟悉度之间不存在关联性，熟悉度并不会影响视觉复杂度。[53][184-185]

因此，关于大数据可视化的认知过程中复杂度与熟悉度之间的作用关系，究竟二者是相互影响，还是互不影响，或是共同作用于认知行为，我们将通过本节实验对其进行探索研究。

5.3.1 实验方法

由于熟悉度本身是一个非常主观的因素，人们对某个事物从熟悉到不熟悉是一个不断学习和接触的过程，且这一过程很难在实验室内快速实现，因此如何在实验设计控制熟悉度水平一直是个难题。为解决实验设计所需的高、低两个熟悉度水平，我们选取了具有不同的先备经验的两组实验材料作为熟悉度水平，一组是被试非常熟悉的汉语材料（高熟悉度组），另外一组是被试完全不熟悉的日语材料组（低熟悉度组）。实验素材选取了大数据可视化中可以呈现大量文字的标签云可视化形式。实验素材的复杂度高、低水平则根据目标文字中的笔画数量进行分类。

5.3.2 实验对象

40 名来自东南大学的学生参加了本实验，所有被试分为汉语伪词和日语伪词两组，每组 20 人。所有被试的母语均为汉语，没有任何日语学习背景。实验前告知被试实验内容，并通过练习确认被试熟悉所有实验操作。剔除未完成实验的 1 名日语组被试，最终进行数据分析的汉语材料组被试 20 名，日语材料组被试 19 名。

5.3.3 实验设计及材料

实验采用 2×2 混合设计，组内因素为复杂度（高、低），组间因素为熟悉度（汉语伪词组对应熟悉、日语伪词组对应不熟悉）。实验素材为三种刺激类型：复杂组（复杂汉/日语伪词）、简单组（简单汉/日语伪词）和校准组（埃塞俄比亚语伪词）。伪词指的是由两个随机字组成一个全新的无意义的非实际词组，其约束条件是它们不能在无意中构成汉语中的实词。采用伪词是为了避免汉语组被试采用语义进行记忆加工，同时为了避免被试使用汉字拼音的发音优势辅助记忆，汉语材料中的复杂汉字和简单汉字均采用同音异义汉字。复杂度高、低的划分是根据文字的笔画数量，简单组的文字笔画小于 6（平均＝3.73），复杂组的汉字笔画在 10 以上（平均＝15.13），非目标文字的采用结构简单且对称的字母 H 重复出现来填充。所有的中文汉字均为高频汉字，选自在线新华字典 36 个日本文字选自在线日文字典，在筛选时避开了所有与中文相似的日文字。校准组的埃塞俄比亚伪词由两个随机埃塞俄比亚字母组成的无意义单词。由于汉语组被试和日语组被试都不熟悉埃塞俄比亚文字，因此被作为校准刺激，用来评估两组被试自身的记忆与识别水平差异。36 个埃塞俄比亚字选自在线埃塞俄比亚语言库。具体如表 5.3 所示。

表 5.3　实验素材示例

复杂组		简单组		校准组
汉语同音伪词	日语伪词	汉语同音伪词	日语伪词	埃塞俄比亚伪词
缄裕	倿遲	史芝	やが	ጠб
检欲	鹿軽	市执	わで	ፑ৭
鉴逾	蘁馭	式旨	あせ	፝ᒾ
键榆	龜舺	仕支	もす	ᇜƷ

在标签云可视化中，文字标签的色彩代表数据类别，字符大小代表该类别数据的权重。为了避免色彩因素对视觉搜索的干扰，所有素材中的文字标签在呈现时均采用灰色。根据 4.5 小节中基于认知空间的数据结构与可视化图元表征编码属性的映射关系，权重属于数据结构中的层级 H，可以针对其大小进行属性编码。实验共设计了六级权重关系（分别为 300、200、150、90、40 和 10），第三级的文字显示大小适中，因此，复杂度和熟悉度编码的目标素材均采用第三级权重（150），其他五级非目标文字均为 32 个字母 H，因此对三组目标刺激的干扰水平一致。所有可视化图像由 R 语言进行编程生成，所有文字显示尺寸与权重级别相同，所有文字的位置由程序随机生成。实验素材示例如图 5-1 所示。

三种实验素材总共包含 108 个目标伪词，每 36 个伪词为一组，各由 36 个文字组成。每个文字重复出现两次在不同的伪词组里，这样可以避免被试只记住左边或右边的文字。复杂与简单组的伪词各包含 4 组，每组各含 9 个同音汉字，为了避免由于相同实验素材造成的偏差，实验中每个被试的复杂组和简单组伪词都是分别从每个类型下的 4 组同音字中通过 R 语言编程随机抽取组合而成。所有目标材料呈现在 21.5 寸显示器中央，屏幕分辨率为 1280×800 像素，被试与屏幕中心的距离为 50 mm。

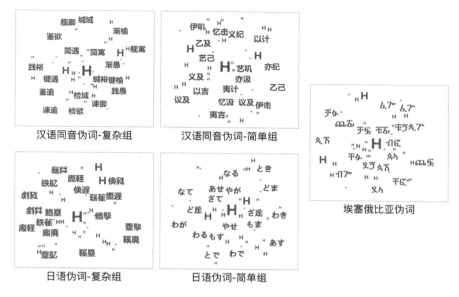

图 5-1 实验素材示例

5.3.4 实验程序

实验采用 E-prime 编程。正式实验前,被实验对象共有 5 次练习机会。正式实验中,被试阅读完指导语,按键盘任意键开始实验。实验开始后,需要进行搜索的目标文字会首先呈现在屏幕中心 3 秒钟,被试的任务是记住目标文字并在随后的标签云可视化图片中进行搜索,用户需要进行在找到目标文字后根据所在位置进行按键反应,左边按"A"键,右边按"L"键,然后进入下一个搜索任务(如图 5-2 所示)。在实验过程中,被试的输入时间没有限制。整个实验时间约 0.4 小时。

5.3.5 实验结果与分析

数据分析采用 R 语言编程,分别运用逻辑回归和线性回归分析正确率和反应时数据。两组被试的正确率和反应时结果如图 5-3 和图 5-4 所示。三种刺激类型与熟悉度分组在正确率上存在显著的交互效应($\Delta AIC = -76.942$,$LLR\chi 2(1) = 80.942$,$p < 0.001$),在反应时上也存在显著的交互效应($\Delta AIC = -56.5$,$LLR\chi 2(1) = 60.501$,$p < 0.001$),由此说明两组被试在不同刺激类型上的反应确实存在显著差异。

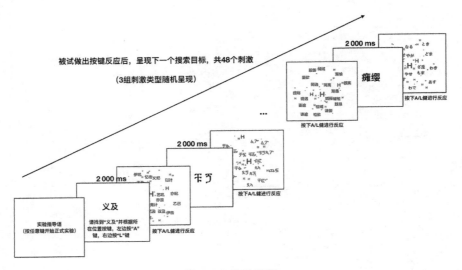

图 5-2　实验流程

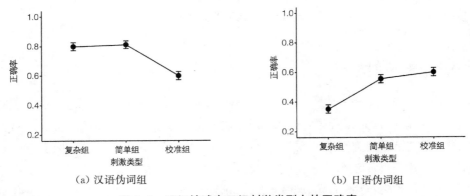

（a）汉语伪词组　　　　　　　　　　（b）日语伪词组

图 5-3　两组被试在三组刺激类型上的正确率

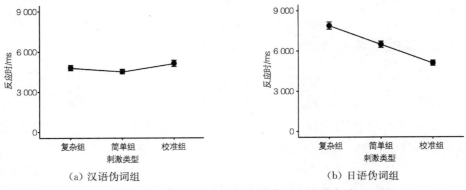

（a）汉语伪词组　　　　　　　　　　（b）日语伪词组

图 5-4　两组被试在三组刺激类型上的反应时

其中,汉语伪词组内被试在三组刺激的正确率上存在显著差异($\Delta AIC = -34.01$, $LLR\chi2(1) = 38.013$, $p < 0.001$),在反应时上不存在显著差异($\Delta AIC = -2.58$, $LLR\chi2(1) = 6.5708$, $p = 0.467$)。随后对汉语组被试的正确率进行LSD验后多重比较检验发现,汉语组被试在简单组和复杂组之间没有显著差异,但校准组与简单组、复杂组之间分别存在显著性差异(见表5.4)。

表5.4　汉语伪词组内被试在三种刺激上的LSD验后多重比较检验结果

特征	(I)刺激类型	(J)刺激类型	均值差(I-J)	标准误	p	95%置信区间	
						下限	上限
正确率	复杂组	简单组	-0.011 81	0.057 81	0.839	-0.127 6	0.104
		校准组	0.200 69*	0.057 81	0.001	0.084 9	0.316 5
	简单组	复杂组	0.011 81	0.057 81	0.839	-0.104	0.127 6
		校准组	0.212 50*	0.057 81	0.001	0.096 7	0.328 3
	校准组	复杂组	-0.200 69*	0.057 81	0.001	-0.316 5	-0.084 9
		简单组	-0.212 50*	0.057 81	0.001	-0.328 3	-0.096 7

日语伪词组内被试的绩效结果则完全相反,日语伪词组内被试同样在三种刺激的正确率上存在显著差异($\Delta AIC = -54.284$, $LLR\chi2(1) = 58.283$, $p < 0.001$),在反应时上也存在显著差异($\Delta AIC = -50.64$, $LLR\chi2(1) = 54.643$, $p < 0.001$)。从表5.5中可以看出,日语伪词组内被试在简单组和复杂组之间存在显著差异,对埃塞俄比亚伪词的正确率最高,其次是仅包含简单的日语伪词,对复杂的日语伪词的记忆加工绩效最差(见表5.5)。

表5.5　日语伪词组内被试在三种刺激上的LSD验后多重比较检验结果

特征	(I)刺激类型	(J)刺激类型	均值差(I-J)	标准误	p	95%置信区间	
						下限	上限
正确率	复杂组	简单组	-0.202 3*	0.057 9	0.001	-0.318	-0.086
		校准组	-0.247 6*	0.057 9	0.000	-0.363	-0.131
	简单组	复杂组	0.202 3*	0.057 9	0.001	0.086	0.318
		校准组	-0.045 3	0.057 9	0.438	-0.161	0.070
	校准组	复杂组	0.247 6*	0.057 9	0.000	0.131	0.363
		简单组	0.045 3	0.057 9	0.438	-0.070	0.161

(续表)

特征	(I)刺激类型	(J)刺激类型	均值差（I−J）	标准误	p	95%置信区间	
						下限	上限
反应时	复杂组	简单组	1 336.665*	516.532 3	0.012	301.08	2 372.250
		校准组	2 629.259*	516.532 3	0.000	1 593.674	3 664.844
	简单组	复杂组	−1 336.66*	516.532 3	0.012	−2 372.25	−301.080
		校准组	1 292.594*	516.532 3	0.015	257.009	2 328.179
	校准组	复杂组	−2 629.259*	516.532 3	0.000	−3 664.844	−1 593.674
		简单组	−1 292.594*	516.532 3	0.015	−2 328.179	−257.009

此外，两组被试在面对均不熟悉的校准组（埃塞俄比亚语刺激）时的认知差异不显著，汉语伪词组内被试并没有表现得更好，这一结果说明了两组被试的差异并不是来自记忆认知能力或是个体在视觉工作记忆容量差异，即汉语伪词组内被试受到的复杂度影响较弱不是由于他们有更好的记忆加工能力，而是源自熟悉度。

5.3.6 讨论

实验结果证明：简单组与复杂组在复杂度上的差异对日语伪词组内被试的认知有着明显的干扰作用，但对于汉语伪词组内被试来说，无论复杂还是简单的汉字，都是具有高熟悉度的，因此这种"客观复杂度"的干扰影响不再起作用。基于这个结果，我们可以作以下推论：客观复杂度对认知的影响确实是由人们对目标材料的熟悉度调节的，当用户面对高熟悉的材料时，客观属性构成的复杂度对人的认知影响基本消失，因此，基于客观属性构成的复杂度只有在不熟悉材料的情况下才存在。

针对此类现象背后的原因，我们认为可以从 Miller[186] 和 Simon[187] 的组块理论(Chunking Theory)找到答案。组块理论认为，当信息可以分组或分成更少的单元时，产生的刺激更容易处理。将组块发展成更高水平的模版结构，可以将信息更快地编码到长时记忆中。从这个角度来看，当被试对目标刺激越熟悉，在记忆中所储存的"块越少"，复杂度也就自然降低了。因此，如果把汉字的特征分成若干块，随着熟悉度的增长，汉语伪词组内被试并不会把汉字的特征分成若干块，不再是笔画或者是偏旁部首的组合，而是看成一个整体。也就是说，汉语伪词组内被试会把同样高熟悉度的"繁"和"凡"都作为一个相同水平的"块"，因此不再存在复杂度。而对于日语伪词组内被试来说,他们不熟悉这些日语字的构成,当他们需要记住每个日语伪词的组合时,他们只能把日文字拆解成多个"块"后进行记忆,且越复杂的汉字被拆解的块的数量越多,例如,"蠹孥"可能被拆解成 5~6 个"块",而"もす"只是 2 个"块"。

与此同时,这些"块"本身的熟悉程度也直接影响"块"的强度。预先存在的熟悉可以减少对象分"块"的数量,且增强"块"的强度,更容易进行加工,易于被记忆。根据美国心理学家 Reder 在她一系列的"块"的强度理论研究中[188-190],发现更熟悉的"块"更容易组合在一起形成强度高的"块",也更容易将这些成对的"强块"与额外的任意刺激联系起来。因此,当"块"的强度较高时,它们消耗更少的工作记忆资源,所以对汉语伪词组内被试来说,单个汉字的复杂度和包含两个汉字伪词的复杂度之间不存在差异,背后深层次原因也正是两种"块"的强度相同导致的。

综上,实验的结果就熟悉度与复杂度的关系给出了明确的定义,研究提供的证据表明,熟悉度与复杂度并不是各自独立于认知行为,两者之间存在交互作用,当它们共同作用于认知加工时,复杂度是被熟悉度调节的。并且,我们进一步证明了也揭开了复杂度争议中的一些对立现象背后的原因:熟悉度对于复杂度作用于汉语伪词组内被试的影响正好与主观复杂度的观点一致(主观复杂度容易被个人差异、经验、先验知识等主观因素影响);而对于复杂度对于日语伪词组内被试的影响也正好与客观复杂度一致(客观层面的数量等物理属性的复杂度会影响人的认知)。

5.4 大数据可视化的视觉复杂度构成

前面的实验结果证明,视觉复杂度不仅是受众多客观属性以及整体界面的视觉秩序影响,还受熟悉度这一主观因素的影响,并且熟悉度与复杂度并不是各自独立于认知行为,两者存在交互作用。也就是说,大数据可视化的视觉复杂度是由客观因素构成,但视觉复杂度对认知的影响是由主观因素调节的,当人们面对非常熟悉的可视化图像时,复杂度不再起作用。因此,复杂度并不是基于视觉元素数量的绝对变量,而是受人对刺激的熟悉程度、先验知识影响的相对变量,复杂度本质上对应的是用户对于可视化界面元素的组块能力(Chunking Ability),一旦目标对象的特征符合高熟悉度,组块强度(Chunking Strength)越高,消耗工作记忆资源越少,复杂度对于认知的影响越小,复杂度效应就会消失。

此外,实验结果对复杂度还给出了一个重要启示:复杂度本身不同于复杂度效应(Effect of Complexity)。关于复杂度定义的争论不仅在于复杂度本身的度量方法,还在于影响复杂度的因素。虽然以往的许多研究都考察了复杂度对认知的影响,但这些理论都有一个共同之处——它们把复杂度和复杂度效应看作同一个对象,并且认为它们是一个恒定的客观属性,就像图像的具体性或透明性一样,是可以测量和控制的。然而,这些研究忽略了复杂度与复杂度效应之间的区别。例如5.3的实验中,复杂的汉字虽然随着高熟悉度的调节作用对汉语伪词组内被试来说不再复杂,但是这些汉字本身的复杂笔画(即:复杂度本身)依然存在。由此,可以进一步得出结论:复杂度是由复杂度本身和复杂度效应共同组成的,复杂度本身是绝对的,由视觉特征的物理量决定,而复杂度效应是相对的、主观的,是由信息加工过程中的组块能力决定的(如图5-5所示)。

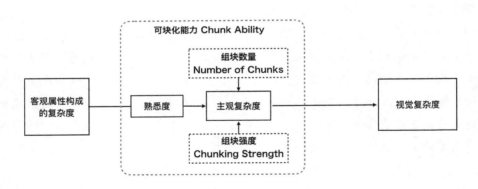

图5-5 视觉复杂度的构成结构

基于上述分析,大数据可视化的视觉复杂度的具体构成表述形式如下:

$$VC = OC - \sum_{i}^{n} CS_i/n \qquad (5.16)$$

其中,VC为视觉复杂度,OC为客观属性复杂度,n为用户定义的组块数量,CS_i为组块i的强度。

综上所述,视觉复杂度不仅与界面中的客观属性的复杂度构成有关,还与熟悉度有关,且背后的原因都是组块强度,视觉复杂度的影响随着分块能力和这些块的强度而变化。复杂度对认知水平的影响随着高熟悉度(高秩序性)在复杂度效应内而消减，但复杂度本身作为客观事实仍然存在，因此，大数据可视化的视觉复杂度构成需要同时考虑复杂度本身和复杂度效应。无论在心理学领域或人机交互领域，只要是涉及与人相关的行为研究，我们研究和讨论的"视觉复杂度"概念，都应该同时考虑目标对象中的客观属性复杂度和这些属性的组块能力。

5.5 大数据可视化的视觉复杂度分层映射

分布式理论中指出，任何复杂关系都可以分解为低等级关系，并从低等级关系的维度进行计算[191-192]，前面的实验结论已经证明视觉复杂度是可以分解的，是由客观属性复杂度和这些属性的组块能力决定的。基于此，本研究提出一种假设：视觉复杂度的形成是伴随着人在认知过程中不同阶段的认知行为出现的，即大数据可视化的视觉复杂度对于认知的作用和影响还可以进一步分解为更低一级的复杂度因子。基于此，结合本文第三章的可视化信息加工模型可以将可视化信息的理解过程分为：信息感知阶段（刺激—察觉）、信息识别阶段（识别—理解）和信息解码阶段（预测、判断—反应），其中信息感知阶段属于用户对可视化图像的浅层次认知，信息识别阶段与信息解码阶段属于用户对图像信息的深层次认知。与此同时，大脑在信息解码时，加工阶段与贮存阶段的交流活动包括：激活记忆、搜寻记忆和提取信息。在5.3节中的实验研究也证明用户的熟悉度也是调节复杂度认知的重要因素，因此，记忆在复杂度认知过程中也发挥着重要作用，即对应深层次的信息解码加工阶段。

因此，基于前一节中分析得出的与视觉复杂度相关的10个可视化客观属性可以进一步推断：信息量中的图表数量、分区数量、色彩数量、图表占比、注释占比、留白占比等这些与数量和大小相关的客观属性属于较直观的属性，正是在认知过程的前阶段容易被注意捕获；而数据结构、布局秩序、场景层次、注释种类属于不太容易被直接感知的属性，对应了认知过程的识别、理解阶段；而熟悉度、关联度、相似度等主观因素，涉及长时记忆的提取，则对应了判断和反应等认知过程的最后阶段。此外，结合视觉复杂度对可视化图像认知过程造成影响的作用对象，可以将视觉复杂度分成低一级的复杂度因子：呈现复杂度、结构复杂度和记忆复杂度，三种复杂度因子的共同作用形成了最终的视觉复杂度。三者与认知过程和可视化的图像属性关联性见图5-6。

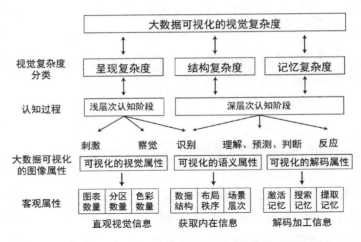

图 5-6 视觉复杂度因子与认知过程及图像属性的关联性

(1) 呈现复杂度(Complexity of Presentation，CP)

主要对应可视化图像认知的浅层次阶段，停留在刺激感知与察觉阶段，因此与可视化图像中一目了然的图表、色彩、分区等所有数量问题和图表占比等直观视觉信息相关。

(2) 结构复杂度(Complexity of Architecture，CA)主要对应可视化图像认知的深层次阶段，需要用户进行识别、理解、预测和判断，因此对应可视化的结构属性，与可视化中的布局秩序、场景层次等内在信息相关。

(3) 记忆复杂度(Complexity of Memory，CM)同样对应可视化图像认知的深层阶段。基于 4.2 节的分析与实验结果，块化能力和组块强度对视觉复杂度的影响较大，甚至会改变复杂程度的判断，因此记忆复杂度与用户已有的知识、经验和心理资源容度相关，需要用户根据自己的先验知识进行熟悉程度、关联程度以及相似程度的比对。

本章基于提出的三种视觉复杂度分类，并结合前一节中提取视觉复杂度中的客观属性，建立了可视化中的客观属性到视觉复杂度的映射关系(如图 5-7 所示)。

本章提出的客观属性到视觉复杂度的分层映射，通过三个视觉复杂度因子与可视化界面中各个图像属性的映射，分层解构了大数据可视化的视觉复杂度。

5 大数据可视化的视觉复杂度研究

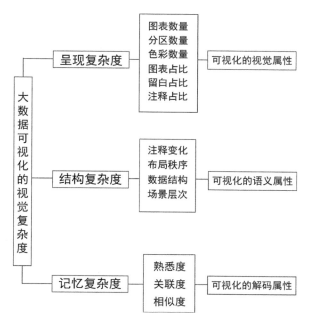

图 5-7 客观属性到视觉复杂度的分层映射关系

5.6 视觉复杂度的分层映射验证实验

为了验证前一节提出的客观属性到视觉复杂度分层映射的有效性，本小节对其进行了实验验证。实验采用地铁交通信息图作为实验素材，通过眼动跟踪实验测量了被试在不同复杂度组合下的任务正确率、反应时以及视网膜透明图等指标，并分析了三种复杂度因子的内在交互关系。

5.6.1 实验对象

实验被试为 20 名在校研究生，8 名男生、12 名女生，年龄在 22～28 岁之间，视力正常，无色盲或色弱病史。实验之前，要求被试在登记表上填写本人相关信息，包括姓名、性别、年龄等。实验前告知被试实验内容，使其熟悉实验规则。

5.6.2 实验设计及材料

实验为 3×3×3 被试内设计，因素一为呈现复杂度（色彩和形状编码 3 个水平分别为高、中、低），因素二为结构复杂度（主题和场景总数分别为 2 个、4 个、6

个),因素三为记忆复杂度(分为熟悉、一般熟悉和完全陌生)。实验包括 2 个 Block,Block1 为呈现和结构复杂度测试阶段,采用 9 张被试完全不熟悉的地铁信息图,每幅图有 4 个任务,包括浏览熟悉任务和从简单到困难的 3 个搜索任务,共计 36 个实验项目(Trial),所有图像均不会重复出现。Block 2 为记忆复杂度测试阶段,实验图片采用 4 张全新的地铁信息图与 2 张来自 Block1 的地铁信息图,共计 6 张,24 个实验项目。记忆复杂度分为熟悉、一般熟悉和完全陌生,结合呈现复杂度和结构复杂度的高、低 2 个水平,4 个任务共计 24 个实验项目。

实验采用辨别任务范式,以生活中常见地铁交通信息可视化图作为实验素材,从三种复杂度中各选取了 2 类常用属性:色彩数量和图表数量(地铁线路数量)代表呈现复杂度 CP;注释变化和场景层次代表结构复杂度 CA;熟悉、一般熟悉和不熟悉代表记忆复杂度 CM,并分别设置了由低、中、高 3 个复杂等级作为检测刺激(如图 5-8 所示)。为了减少无关因素的视觉干扰,所有刺激均呈现在视线水平±15°内和垂直±10°内。

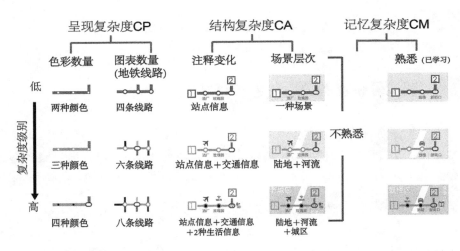

图 5-8 实验材料中三种复杂度的编码示例(扫码看彩图)

结合大数据可视化中的任务类型,实验设置 4 个由易到难的搜索任务,分别为:浏览、单目标搜索、双目标搜索和双目标搜索比较任务。浏览任务中,用户只需要自由浏览图片;单目标搜索任务中,用户需要查找图像中的某一站点信息;双目标搜索任务中,用户需要查找某两条地铁线的换乘信息;最复杂的双目标搜索比较任务中,用户需要首先查找两个站点,然后对换乘站的数量进行比较判断,找到最少换乘点。图 5-9 为单目标搜索任务"请找到'石门'站"和随后出现的高呈现、高结构、低熟悉复杂度组合编码的搜索界面。

(a) 低呈现+低结构

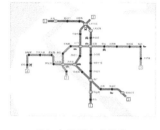
(b) 中呈现+中结构

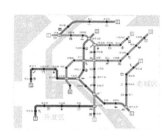
(c) 高呈现+高结构

图 5-9 三种不同复杂度因子组合下的实验素材

实验在东南大学人机交互实验室进行,室内照明条件正常。实验程序采用 Tobii T120 眼动仪进行,屏幕分辨率为 1280×800 像素,被试与屏幕中心的距离为 50 mm。

实验流程如图 5-10 所示,首先需要对被试进行眼校准,校准无误后开始正式实验。正式实验中,被试阅读完指导语,按键盘任意键开始实验,第一个任务为浏览任务,图像呈现 5 s 之后自动跳转到下一个图片刺激;随后的 3 个任务会根据被试输入反馈后才跳转到下一个图片刺激。被试按空格键进行反馈的同时,需要口头报出答案,主试负责记录答案的正确与否。整个实验时间约 0.2 h。

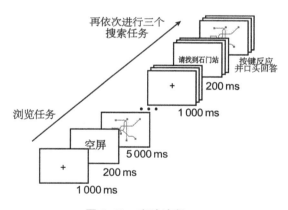

图 5-10 实验流程

5.6.3 实验结果与分析

(1) 正确率与反应时

被试对三种复杂度组合编码在双目标搜索比较任务中的正确率和反应时如图 5-11 所示,由于被试反应时都在 500 ms 以上,因此起点从 500 ms 开始。实验结果显示,单目标搜索任务和双目标搜索任务的正确率约 99.84%,出错率集中在双目标搜索比较任务中。

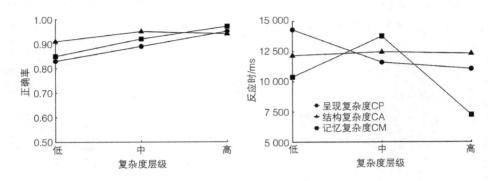

图 5-11　三种复杂度的正确率和反应时

方差分析的结果表明,三类复杂度编码在正确率上,低复杂度编码时的主效应显著($F=6.503$,$p<0.05$),高复杂度编码时的主效应显著($F=7.549$,$p<0.05$),中复杂度编码时的主效应不显著($F=6.453$,$p>0.05$)。在反应时上,低复杂度编码时图标特征的主效应显著($F=11.335$,$p=0.032<0.05$),高复杂度编码时图标特征的主效应显著($F=12.431$,$p=0.031<0.05$),中复杂度编码时图标特征的主效应不显著($F=9.371$,$p=0.679>0.05$)。由此,可说明当三种复杂度为低层级或高层级时,呈现复杂度、结构复杂度和记忆复杂度对被试的认知速度都有显著性影响;当复杂度层级为中等时,没有显著影响。

由此可知,当呈现复杂度和记忆复杂度单一存在时,随着复杂度层级的增加,图像所包含的属性越详细,被试的认知难度也随之降低;但结构复杂度的正确率降低,则说明在图像的主题属性和场景属性中的干扰项更多。当三类复杂度均采用低编码时,正确率的关系是:结构编码>记忆编码>呈现编码,反应时关系是:呈现编码>结构编码>记忆编码;当三类复杂度采用中层级编码时,正确率数据非常接近;当三类复杂度采用高层级编码时,正确率的关系是:记忆编码>呈现编码>结构编码,反应时关系是:结构编码>呈现编码>记忆编码。因此,在实际的图像复杂度编码过程中,当图像的自身结构属性不多时,从图像的结构复杂度属性上进行设计的搜索绩效更好;当图像自身属性数量较多时,采用已有的或者用户熟悉的相似元素进行设计可以提高的认知绩效。

(2) 不同视觉复杂度的视觉搜索效率分析

被试搜索目标过程中对实验项目图像的视野清晰范围(Gaze Opacity)反映了

被试浏览到的图像的空间范围,表现出信息输入量的多少。被试的访问时间越短,视野清晰范围越大,说明该可视化图片的识别难度越低,反之则识别难度越高。根据实验结果中视野清晰的站点个数 N 来划分视觉范围广度(如图 5-12 所示)。

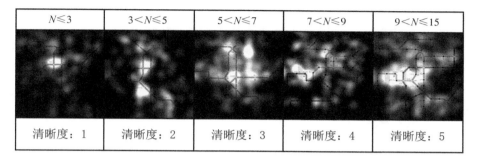

图 5-12　清晰度划分范围

基于该视觉清晰广度的划分,结合平均总访问时间对实验材料整理结果见表 5.6,并得到图 5-13 所示的坐标轴图。实验图片命名采用 1、2、3,分别对应高、中、低 3 个等级,例如 P1A2M1 代表低呈现中结构低记忆编码组合。

表 5.6　各实验项目平均总访问时间 TVD 和视觉清晰广度

任务难度	复杂度编码	P1A1M1	P1A2M1	P1A3M1	P2A1M1	P2A2M1	P2A3M1	P3A1M1	P3A2M1	P3A3M1	P1A1M2	P3A3M2	P1A1M3	P3A3M3
单目标搜索	TVD/s	7.36	5.7	4.69	3.19	4.58	6.41	7.07	6.28	4.48	3.83	3.26	2.20	4.22
	清晰度	5	3	4	3	1	2	5	4	4	1	3	1	1
双目标搜索	TVD/s	4.3	7.75	6.20	3.53	3.53	4.82	4.06	5.66	3.89	4.12	3.43	3.18	2.62
	清晰度	1	4	2	3	2	1	1	1	1	2	1	2	1
双目标搜索比较	TVD/s	16.5	11.64	14.74	11.67	11.90	11.22	8.31	13.83	10.98	9.16	10.98	7.23	6.75
	清晰度	3	2	1	2	4	4	4	4	4	2	4	3	3

根据坐标轴图示可以发现,被试的视野清晰范围广且访问时间快的搜索界面主要集中在单目标搜索任务中的低呈现中结构编码、高呈现高结构编码的图像,也包括了部分从相同呈现、结构复杂度的高熟悉 CM 编码的图像,说明了不同复杂程度组合的高呈现和高记忆复杂度编码图像的绩效较优;视野清晰范围较窄且平均总访问时间较慢的素材主要集中在中呈现中、低结构编码的图像,说明随着图像结构属性的增加,用户的搜索效率降低,搭配较低的呈现复杂度编码的绩效较差。

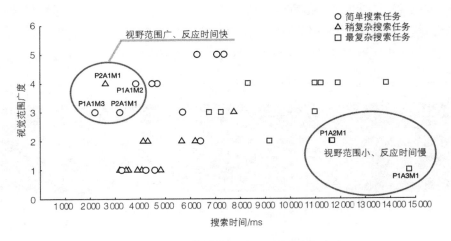

图 5-13　不同复杂度编码下的视觉范围广度

5.6.4　讨论

本实验基于视觉复杂度的分层映射，以地铁交通信息图作为实验材料，通过眼动跟踪实验分析了三种复杂度因子的内在交互关系。实验结果说明在呈现复杂度 CP、结构复杂度 CA 和记忆复杂度 CM 三类组合编码搜索任务中，呈现复杂度和记忆复杂度随着总复杂度层级的增加，正确率上升，反应时下降，采用熟悉度编码时的反应时下降更快；当组合复杂度为低层级或高层级时，呈现复杂度、结构复杂度和记忆复杂度都有显著性影响，中等复杂度层级没有显著影响。不同复杂度组合中，高记忆复杂度编码图像的搜索绩效影响最大；在低熟悉度编码组合中，低呈现中结构编码、高呈现高结构编码的图像的搜索效率最高，中呈现中结构的视觉干扰最大，认知效率最低。

通过分析三种视觉复杂度因子的组合关系发现，呈现复杂度对应认知过程中的早期加工阶段，低呈现复杂度组合编码的正确率最低，结合中呈现、高记忆编码后认知效率显著提高，证实了在认知加工过程中，人对图像的视觉属性和结构属性的加工次序是有先后的。其中，高记忆复杂度对图像的搜索绩效影响最大，结构复杂度越高对视觉干扰越大，结构复杂度的认知加工难度和信息解码层级均高于呈现复杂度，这些结果都与 5.3 小节中的熟悉度实验结果一致。由此，本实验结果证明了 5.5 小节提出的大数据可视化视觉复杂度的分层映射理论的合理性；同时，也为视觉复杂度的相关研究做出了理论补充。

综上，本实验通过眼动跟踪实验研究了 3 种复杂度的内在交互关系并验证了所提出的映射关系，同时实验结果证明了呈现复杂度和记忆复杂度对视觉复杂度的认知影响最大，高结构复杂度编码的干扰性最大，在可视化的实际设计时可以通过提高呈现复杂度和记忆复杂度来提高认知效率。

5.7 本章小结

本章通过多个主观评价和行为及眼动实验对大数据可视化的视觉复杂度进行分层解构的研究。研究结果发现，一些客观属性与视觉复杂度呈正相关关系，即客观属性越复杂、数量越多，视觉复杂度越高；一些因素如视觉秩序和熟悉度与视觉复杂度呈负相关关系，即视觉秩序越强、熟悉度越高，视觉复杂度也就越低。在此基础上提出大数据可视化的视觉复杂度是由客观因素构成，但复杂度对认知的影响是由主观因素调节的，复杂度本质上对应的是用户对于可视化界面元素的组块能力；并进一步指明，复杂度是一个相对的变量，不同的背景、经验以及先验知识产生的熟悉度都有可能改变复杂度。最后，通过眼动实验证明了大数据可视化视觉复杂度的分层映射理论的合理性。

6 大数据可视化的交互复杂度研究

"交互"指的是两个或多个互动的个体之间交流的内容和结构,使之互相配合,共同达成任务目的。可视化中的交互指的是用户与可视化系统之间信息的沟通过程,其中,用户是人机交互的主体,界面是人机交互的载体,人机的沟通是通过各种交互方式及不同的交互技术、交互动作、交互行为以及交互逻辑共同实现的。一个大数据可视化在视觉层面的图像设计再好,如果缺少强有效的交互方式,整个可视化依然是失败的。交互是大数据可视化最终实现质量的重要评判标准,交互的好坏直接影响用户的操作体验。因此,需要从认知层面对交互的复杂度展开深入研究。

6.1 大数据可视化的交互复杂度解析

交互设计涉及用户与界面之间的使用语境、行为模式、认知心理及意义建构等复杂决策逻辑,在设计时需要协调多个方面的多种因素。[193]从认知层面来说,交互视图需要在视图分布形式上满足用户的观察习惯和视觉特性,主次视图分区对应信息的重要性层级和人眼的观察习惯,同时在视图操作上满足直观性、易理解性、易操作性和易记忆性的要求。因此,交互式大数据可视化的构成不仅是单纯的视觉设计与交互设计这种只停留在我们所看到的视觉要素,其构成包含了整个可视化实现过程的所有阶段,从初始的创意构思到数据分析、数据呈现、视觉规划、可视化表达、交互方式,再到背后隐含的巧妙与最终的美感等,每一个环节都缺一不可,都对一个大数据可视化的最终完美演绎起到了关键作用。

目前,随着新技术与大数据的融合,大数据中涉及的交互动作也越来越复杂,例如手势、体感技术的引入,不仅提高了用户的参与度,给用户探索大数据提供了更多的帮助,也给交互设计带来了全新的挑战。然而,现有的大数据可视化

6 大数据可视化的交互复杂度研究

研究中对于交互缺乏清晰的概念,大数据可视化中复杂的人机交互是哪些因素构成的?这些因素又是如何影响认知加工的?如何尽可能地降低交互中的复杂度?这些问题都是这些大数据中特有的交互复杂度问题,是大数据可视化中的关键问题,但目前鲜有研究是针对大数据可视化交互中的复杂度问题展开。

大数据可视化的视图包含多个窗口,分布形式多样,相应的用户认知活动复杂多样,交互行为也非常复杂,需要从传统过程中单向被动获取信息的方式,转变为双向互动的方式,甚至需要进入数据计算空间进行相关操作。以图6-1(a)所示的Airbnb爱彼迎网站上旧金山房源信息可视化为例,这是一个典型的大数据可视化图像。该可视化图像视图的五个视图窗口分别为:(a)房间信息;(b)价格区域,采用二维平面点集图;(c)房源的地理位置,包含各房源在旧金山的地理分布图;(d)房源属性评分,采用滚动条调节房源的参数和属性;(e)房源所在的社区,包含旧金山的各个社区范围。当用户需要对整个可视化布局中的五个视图进行各种操作以查询合适的房源,且用户的每一步操作均会使其他窗口中相应的价格视图、评价信息、地理位置数据产生联动变化,用户需要不断地根据这些新的房源信息进行下一步操作,逐步找到目标房源。常见的用户的交互示例如图6-1(b)所示。

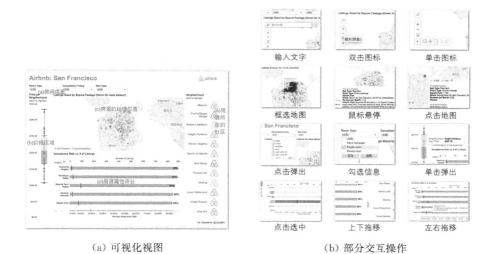

(a)可视化视图　　　　　　　　　(b)部分交互操作

图 6-1　大数据可视化中的常见交互示例(扫码看彩图)
(数据来源:https://public.tableau.com/s/gallery/airbnb-prices-san-francisco)

该案例仅仅展示了一小部分常见的大数据可视化的交互行为,大数据可视化中还有更多、更复杂的交互方式,例如多个页面的跳转、多维空间的视图旋转等。交互行为带有明确的目的性，由上一层级任务主导，又可通过下一层级不同的物理事件实现。由此可见，整个大数据可视化的交互过程是一个极其复杂的输入和输出过程，用户的认知活动复杂且综合，用户需要从不同的角度查看多个视图窗口中的信息，通过多种类型的控件输入信息，经过系统后台处理后，可视化界面以数据、图形、图像、视图的变换或页面切换等形式做出反馈，用户再对反馈的结果进行进一步操作，此过程多次循环直至可视化输出用户需要的结果。

结合3.1.4节中的可视化信息加工过程，可视化的交互空间对应了认知空间中交互流程的六个模块，可以分成动作输入与反馈输出两大部分，前者对应目标定位、交互感知、交互实施三个模块，后者对应视觉映射、判断与决策、反应三个模块。其中的视觉映射对应了表征空间的图形、图表、视图等可视化界面元素的视觉变化，正是通过一系列这样持续的交互周期循环，用户完成整个可视化的认知活动（如图6-2所示）。

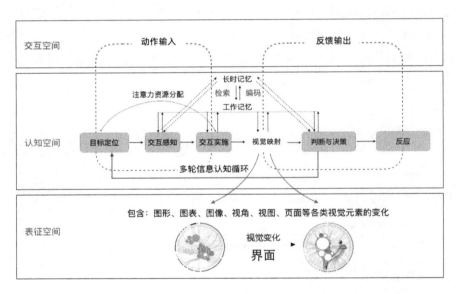

图6-2 大数据可视化的交互空间

基于此，可以推断大数据可视化中的交互是一种自上而下的过程，不仅仅是用户在操作层面的步骤或动作，还涉及深层次的逻辑架构分析。因此，交互的复杂度问题可以分成三个由浅入深的层次：交互动作的复杂度、交互行为的复杂度、交互逻辑的复杂度，三者的关系如图6-3所示。

（1）交互动作：指用户与可视化界面交互过程中物理层面的操作，例如鼠控技术中的单击、悬停、拖动等,涉及用户执行这些动作(手段)的操作难度和复杂程度。

(2)交互行为:指在界面中交互行为对目标任务执行过程中的执行难度和复杂程度,例如选择、搜索、过滤、比较等界面范畴内的交互行为,与交互行为在执行过程的复杂程度以及当前的交互方式与任务需求的匹配程度相关,涉及用户如何通过合理的交互手段获取目标信息。

(3)交互逻辑:指的是交互行为

图 6-3　可视化中交互复杂度构成

之间深层次的逻辑结构以及整个可视化交互实现流程中的逻辑结构,例如用户如何通过交互步骤实现目的、如何通过不同交互方式对海量信息进行过滤等,是交互内在的复杂度,与视觉动线和交互架构相关,涉及整个可视化交互实现流程中视觉层面的逻辑结构和逻辑层面的交互路径。

本章将从这三个层次对大数据可视化中的交互复杂度展开具体的分析,深入研究大数据可视化中这三个交互层次的复杂度构成因素,并研究如何尽可能地降低交互中的这些复杂度。

6.2　交互动作的复杂度分析

交互动作指的是用户与可视化界面交互过程中物理层面的操作,是用户与可视化界面物理交互。"动作"一词对应了交互中的物理事件,如光标点击、键盘按键,手指触摸等。交互动作处于交互结构中的最低层次,是交互行为的基础。

从交互的载体来看,大数据可视化的信息呈现主要以人的感觉通道为载体,常见的是以视觉、听觉通道为主。例如,声音作为信息提示,可以表示信息提示、紧急告警和操作反馈等。与此同时,不断创新发展的科技也为大数据可视化带来各种新的交互技术,截至目前,大数据可视化中交互技术按输入媒介分主要有以下几种:鼠控交互、触控交互、语音交互、眼控交互(眼动追踪)、体感交互(包括手势识别）、AR交互（增强现实）。其中，最常用的交互技术是鼠控和触控，鼠控可见于各种电脑端的可视化，触控一般应用在大屏可视化或者是移动设备中的可视化。

一般来说，交互动作的复杂度指的是交互实施过程中用户执行这些动作的操作难度和复杂程度，与交互操作的数量、技术实现难度、应用场景以及动作的执行时间密切相关。因此，首先要基于可视化的实际需求来选择交互技术，尽量精简任务完成过程中涉及的交互动作的类别和数量，并通过设计来缩短各个交互动作的执行时间。同时，用户的认知活动必须适合于可视化依托的技术平台技术，以便能够执行必要的任务。交互界面的构建技术也影响可以提供的交互动作的可能性，以及在交互和表示空间中处理信息的方式，在设计交互动作时，必须考虑可视化系统及其配套技术的匹配性。这些配套技术包括处理能力、屏幕尺寸、显示分辨率、存储容量和电池电量。例如，如果底层技术是移动设备，那么与计算机相比，移动设备能够呈现的信息密集程度是有限的，需要考虑触控时手指的尺寸与可点击的屏幕尺寸匹配性，过小的屏幕尺寸，或过密的可视化图像都难以由手指的触控实现。

6.3 交互行为的复杂度分析

可视化中的交互行为由交互动作构成，一系列交互动作的发生组成了一个交互行为。交互行为指在界面中用户对目标任务完成过程中的执行难度和复杂程度，例如筛选、合并、赋值、比较等范畴中的交互行为，涉及用户如何通过合理的交互手段获取目标信息。Halford等[194]指出：认知任务的关系复杂性水平是衡量复杂度的一种方法，他们认为复杂度反映了执行任务所需的认知资源，需要并行处理的交互变量越多，认知需求和计算成本就越高。因此，衡量交互行为复杂度的一种方法是确定交互行为与认知任务之间的关系复杂度。

6.3.1 交互行为的分类

目前，学术界对交互行为的分类尚无统一定论，不同的学者从不同的角度提出了分类方法。一部分学者的研究是基于用户意图进行分类，例如基于用户意图的交互行为分类方法[195]，如选择、探索、再布局、视觉编码、抽象化/具体化、过滤和链接等；另一部分学者的研究是基于不同的对象进行分类，如数据行为、视图行为和分析三种分类。[196]

通过具体分析大数据可视化图像界面中具体的交互行为,我们发现交互行为自身的复杂度主要与两种因素有关:一种是交互行为本身的复杂度,另一种是交互行为的应用对象。基于此,本研究结合相关文献,将常见的交互行为归纳为两类:一类是两个相互关联的交互行为成对出现,即关联型交互;另一类是单一出现,即单向型交互。此外,按照可视化中的界面元素将这些交互行为的应用对象分成三类:整个可视化、数据图表、时空对象和交互视图。每种交互行为的说明及其应用对象如表6.1所示。

表6.1 可视化中常见的交互行为分类及说明

分类	交互行为	交互任务说明	应用对象
单向型交互	概览	自由地浏览整个可视化图像界面	整个可视化
	选择	选择、标出感兴趣的数据对象	
	探索	移动、穿过或围绕目标可视化进行探究,发现其相关要素、关系或结构信息	
	搜索	在可视化表征中寻找符合用户标准的特定项目、关系或结构的存在或位置	数据图表
	排序	改变可视化表征的顺序,对可视化表征中某些相关项目进行排序	
	输入	输入特征或值赋予可视化表征中的某个/某些项目	
	合并	将多个可视化表征合并成为一个不可分割的单一的新可视化表征	
	复制	将可视化表征创建多个相同的副本	
	关联	对可视化中各相关的表征项目建立关联性,高亮一些需呈现的相关数据信息	数据图表
	比较	根据可视化表征确定对象之间的相似性或差异性	
	过滤	进一步显示未呈现的深层次信息,或根据需求仅呈现所需部分的信息	
	筛选	根据某些条件筛选可视化表征以显示其元素的子集	
	度量	对可视化表征中某个/某些项目进行测量及量化	
	高亮	关注或选择可视化表征中的特定项目,使其在可视化中突出显示	时空对象
	共享	对可视化进行分享,使其他人或机构能够查看	
	变形	改变可视化表征的几何或三维形状	

(续表)

分类	交互行为	交互任务说明	应用对象
单向型交互	平移	控制对象或视点沿着某个方向移动	时空对象
	旋转	使对象或视点方向的虚拟相机绕自身轴线旋转	
	导航	根据任务进行视点移动与场景变换	
	动态查看	在时间/空间范围中,动态地向前或向后查看其成分的发展或趋势	
	布局重置	改变视图的布局形式,呈现不同的可视化配置	交互视图
	类型转换	将可视化表征的图表类型转换为信息或概念上等效的图表类型,进而转换不同的视觉效果	
	图表切换	在一个窗口切换不同的图表	
关联型交互	放大/缩小	使视点靠近或远离某个平面,放大或缩小可视化中的对象或地图	交互视图
	抽象/具象	两种形式展示可视化中的概览状态和细节状态	
	加速/减速	加快动态可视化表征的运动速度,或者相反地降低速度	
	前进/后退	操控不同更新状态下页面或时间流的前进和后退	
	折叠/展开	将可视化表征折叠或使其紧凑,或者相反地使其展开或分散	
	组合/拆解	使可视化表征组建或装配在一起,以创建一个新的、完整的可视化,或相反地将整个可视化实体拆解或分割成单独的组成部分	
	插入/移除	在原有可视化表征中插入新表征项,或相反地移除不想要或不必要的部分	
	链接/断开	对可视化表征选择性地建立一个关系,或者相反地分离切断它们的关系	

需要注意的是,并不是每一种可视化都包含全部的交互行为,一个可视化的交互行为是根据可视化的主题和任务决定的。不同的任务包含不同的交互行为,有的任务比较简单,一种交互行为即可实现;而有的任务比较复杂,需要连续的多个交互行为才能实现,这些需要根据具体情况展开分析。

6.3.2 交互行为的复杂度

一般来说,功能的可用性和流畅的体验性是交互设计实现的目标。与交互动作相同,交互行为的复杂度不仅由行为本身决定,而且是由交互行为在执行过程的复杂程度以及当前的交互方式与任务需求的匹配程度决定的,涉及用户如何通过合理的交互手段获取目标信息。可视化中交互行为的主体是用户,交互设计的目标是通过人机交互使得用户可以高效地使用界面,并能够在与界面的互动中得到良好的情感体验。基于此,本节提出三个影响交互行为复杂度的因素:执行层面的复杂度、任务需求层面的复杂度以及交互过程中的情感体验度。

(1) 执行层面的复杂度

交互行为执行层面的复杂度指用户对当前交互方式与操作目标之间的执行难度。用户是通过不同的交互行为来实现具体的交互目标,这些交互行为之间的操作及步骤差异、执行难度即为执行层面的复杂度,会影响用户的交互体验。例如图6-4所示,当用户在进行"整体概览"的交互行为时,操作目标是用户需要一边浏览一边读取某一数据对象的详细信息,图6-4(a)的交互行为是需要选择点击后弹出,图6-4(b)的交互行为是在光标滑过时即弹出简略的文字说明,相比较于(a)的执行难度明显较高,需要多次点击并将注意力集中在某个对象元素,图(b)的方式更便于用户在概览的同时获取信息。

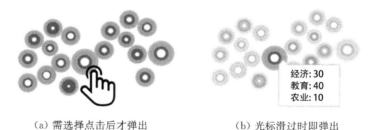

(a) 需选择点击后才弹出　　　(b) 光标滑过时即弹出

图6-4　不同执行难度下的交互行为示例

(2) 任务需求层面的匹配度

交互行为任务层面的复杂度指当前的交互行为与用户任务需求中的交互方式是否匹配,以及匹配程度。两者相互匹配且匹配程度高,用户能够精准、快速地挖掘、过滤信息;反之,不匹配或匹配程度低,造成理解和操作的复杂,容易造成用户的认知负荷,甚至导致用户操作失误。例如图6-5(a)所示,当界面的数据信息自身复杂多维时,常见的平面三维形式存在很大局限性,当用户的任务是旋转查看,因而需要进行"旋转"这一交互行为时,如何进行动态旋转有不同的交互方式;图6-5(b)的交互行为是围绕中轴线进行纵向的360度旋转查看;图6-5(c)的交互行为是用户能够根据需求随意调整视觉角度,进行全局球形任意角度的自由旋转,这种方式下,当用户从视角1旋转到视角2后,可以看到目标信息的更多维度。两种交互行为比较后可以发现,图 6-5(c)中的交互行为与用户当前任务需求的交互方式匹配度更高,这种高自由度的动态旋转交互更能满足用户观察多维信息、多层关系的认知需求,对用户来说也就更简单,因此复杂度也明显更低。

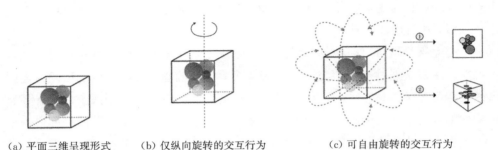

(a) 平面三维呈现形式　　(b) 仅纵向旋转的交互行为　　(c) 可自由旋转的交互行为

图 6-5　不同需求匹配度下的交互行为示例

(3) 交互过程中的情感体验度

除了上述两个因素之外,影响交互行为复杂度的因素还需要考虑用户进行交互时的情感体验。情感体验是指在交互中增加一些轻松、活跃的变化形式,以建立可视化与用户之间的情感联系,例如愉悦感、舒适感和趣味性等,通过情感上的满足打破复杂度的沉闷。过于枯燥、严肃的交互行为不仅缺少吸引力,还容易营造紧张的氛围,加速用户的疲劳。例如,当用户需要进行放大查看时,通过拖动滚动条快速进行放大缩小,也可以通过多次点击缩小图标(如图 6-6 所示),如果缩小的比例很大,用户需要一直点击,这个交互过程是非常累且低效的,造成用户

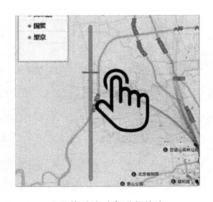 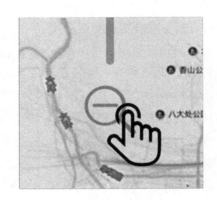

(a) 拖动滚动条进行缩小　　　　　　(b) 点击图标进行缩小

图 6-6　不同情感体验度下的"缩小"动作

的操作体验变得非常疲惫、沉闷。尽管单击动作比较简单(执行时间约为 0.15 s),拖动动作则需要由拖动距离决定(执行按住并拖动时间一般大于 1 s),但拖动形式的情感体验明显更舒适。深入考虑交互动作与所在使用场景的匹配性和适用性,才能真正降低交互动作的复杂度。因此,提高交互过程中的情感体验可以对因复杂度造成的烦躁和不适起到一定的缓解和抵消作用。

6.3.3 交互行为复杂度及其构成因素的相关性研究

为了进一步验证前面两小节提出的影响交互行为复杂度的几个因素,本节采用主观评价的问卷形式,要求被试对 18 个业界评价较高的交互式大数据可视化案例进行实际操作,并随后对交互复杂度可能相关因素进行了 5 分制的李克特量表评分。最后,根据相关性分析结果剔除与交互行为复杂度不相关的因素,提取与交互行为复杂度得分存在显著相关性的影响因素。

6.3.3.1 实验对象

实验对象共包含 38 名被试(20 名男性,18 名女性),其中 30 名为设计系学生,8 名为专业可视化或交互相关设计师。所有被试均有大数据可视化的接触经验,对于如何查看、操作可视化交互界面有一定基础,实验前告知被试实验流程及任务。

6.3.3.2 实验设计

主观实验主要考察交互过程中的交互复杂度、交互执行复杂度、交互行为与用户任务需求的匹配度、交互过程中的情感体验度,以及视觉复杂度五个因素的主观评分。实验根据可视化主题设定对应的任务如数据的浏览、查找、点击图标、拖动地图、框选位置、下拉菜单、缩放、滑动视图等;所有被试需要对每个网站进行实际操作。完成所有可视化案例的交互操作后,用户根据实际感受如实填写问卷。

在问卷中各指标的定义如下:交互复杂度指整个交互过程的复杂程度(1~5 的评分标准代表复杂度逐步增加,1=非常简单,5=非常复杂);交互执行复杂度指用户对当前交互方式与操作目标之间的执行难度(1~5 的评分标准代表复杂度逐步增加,1=非常简单,5=非常复杂);交互行为与任务需求的匹配度指当前的交互行为与用户任务需求中的交互方式是否匹配(1~5 的评分标准代表复杂度逐步增加,1=非常不匹配,5=非常匹配);交互过程中的情感体验度被定义为交互的变化形式是否可以引起用户的情感共鸣,给用户的感受是沉闷还是愉悦

(1=非常沉闷,2=比较沉闷,3=一般无感,4=比较愉悦,5=非常愉悦);视觉复杂度的定义与5.5节的实验中的定义一致,为图片中的物理细节程度和复杂错综程度(1~5的评分标准代表复杂度逐步增加,1=非常简单,5=非常复杂)。此外,各案例中的交互行为的应用对象以及分类见表6.1,所包含的交互行为的种类数量也作为一个因素列入分析中。

6.3.3.3 结果与分析

考虑到不同被试的主观评分容易出现较强的可变性,因此需要对每个被试的评分先进行归一化处理,将评分数据映射到[0,1]区间内,然后再对数据进行分析。通过 SPSS 软件对所有可视化案例的8种影响因素值进行相关性分析,其中交互行为的应用对象以及分类数量属于分类变量,采用 Spearman 相关性进行分析,其他5个影响因素属于数值变量,采用 Pearson 相关性进行分析。与视觉复杂度之间的相关性分析结果如表6.2所示。

表6.2 六个交互影响因素与交互复杂度之间的相关性分析结果

交互因素	视觉复杂度	
	r	显著性
交互执行复杂度	0.789***	0.000
交互行为与任务需求的匹配度	−0.718**	0.001
交互过程中的情感体验度	−0.785***	0.000
视觉复杂度	0.415	0.086
交互行为的类别(单向/关联)	0.846***	0.000
交互行为的种类数量	0.334	0.068
交互行为的应用对象	−0.54	0.308

注:** 表示 $p<0.01$,*** 表示 $p<0.001$。

由相关性分析结果可知,可视化的视觉复杂度、交互行为的应用对象与交互行为的复杂度不存在显著的相关性,这两个因素可以剔除,说明交互过程中交互行为的应用对象的复杂度(如地图场景、背景元素等)对整个交互的复杂度影响不大,用户更多关注的是交互任务和执行动作。而交互执行复杂度、交互行为与任务需求的匹配度、交互过程中的情感体验度以及交互行为的复杂度存在显著的相关性,且相关度大小依次递减。其中,交互行为与任务需求的匹配度和交互过程中的情感体验度2个因素与整体交互复杂度成负相关,交互执行复杂度、交互行为的分类(单向/关联)2个因素与整体交互复杂度成正相关。

6.3.3.4 讨论

由上述相关性分析结果可知,要降低交互行为复杂度,就需要通过降低交互行为在执行过程的复杂程度,选择满足用户任务需求的最佳交互方式来提高当前的交互方式与任务需求的匹配程度,并进一步结合用户的认知心理及其对交互行为的影响,在设计时增加趣味性的交互行为,为用户提供舒适、愉悦的交互体验,降低用户对交互行为的复杂度感知。用户在交互行为中的情感体验度越好,越能够理解可视化中隐含的复杂信息,对交互行为的复杂度感知体验也就相应地越低。但需要注意的是,如果一味追求趣味性,纯粹为了取悦或震撼用户设计出累赘的交互动效,则会使得整个可视化的冗余部分过多,操作效率降低。因此,交互行为应当在数据类型、任务目标以及主题和风格场景匹配的前提条件下,适度加入情感化设计。此外,可视化中包含的交互行为的种类数量与交互行为的复杂度基本不相关($p=0.068$),这一结果有两种解释:一种解释是,交互行为的种类数量多代表可以提供更多的操作行为支持,用户可以更加自由地进行交互;另一种解释是,包含的交互行为的种类数量越多,用户的操作步骤也会随之增多,两种行为相互抵消了种类数量对于交互行为复杂度的显著性影响。因此,设计时应该根据用户的实际需求对交互行为的种类和数量做相应的调整。

6.4 交互逻辑的复杂度分析

6.4.1 交互逻辑的复杂度构成

传统的人机交互模式是用户主动输入信息,机器判断、处理信息后向用户给予反馈,而在新技术下的大数据可视化中的人机交互模式越来越自由,可视化界面为用户交互提供了大量的可能性,允许用户从不同的角度查看信息、重组信息,且用户可以执行更多类型的交互行为,甚至可以进入计算空间执行操作,对潜在信息属性进行编码和挖掘,因此,交互设计不仅仅是在交互技术、交互动作和交互行为上。从交互的终极目的来看,交互过程中用户与可视化之间的信息沟通的流畅程度是衡量交互复杂度高、低的核心,但衡量方法目前比较模糊,仅从交互动作和交互行为上难以判断复杂度的高低,还需要考虑整个交互的逻辑层面。例如

图 6-7 中的机场进出流数据，图 6-7(a)所示的是按照自身功能将"出港航班"和"进港航班"两个图表的交互逻辑设计成两个视图，用户在实际使用时需要在两个窗口中来回穿梭；而图 6-7(b)基于认知需要的交互逻辑是直接将"出港航班"和"进港航班"合并，这种逻辑层面的改进让用户可以同时纵览"出港量"和"进港量"，不仅节约了可视化空间，还提高了交互行为的绩效。

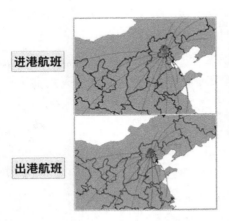 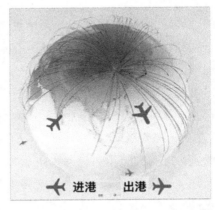

（a）基于功能模块的航班进出港交互逻辑　　（b）基于认知需求的航班进出港交互逻辑

图 6-7　不同交互逻辑下的可视化形式示例（扫码看彩图）

大数据可视化中的交互设计之所以会变得复杂，通常是因为传统的交互逻辑是采用物理逻辑来组织界面，仅仅强调界面的自身属性的合理配置，没有考虑到实际的任务需求，或者说被过度估计的，导致很多不重要的步骤挤占了核心位置，而用户的真正需求经常被忽略。因此，交互过程的很多认知问题都需要从设计交互逻辑的角度进行分析和改进，才能从根本上解决问题。良好的交互逻辑可以减轻非线性交互流程中的认知摩擦和认知负荷；反之，不好的交互逻辑则会干扰用户的交互行为，影响整个可视化的人机交互效率。可视化的交互逻辑并不需要将所有交互功能都呈现出来，而是应该更多地考虑用户行为逻辑与行为习惯，把合理组织与用户行为结合起来作为交互逻辑的构建依据。

由 6.1 节中可视化交互复杂度的三个层级结构可知，交互逻辑处于整个可视化交互中的最高一层，是交互行为中深层次的逻辑结构以及整个可视化交互实现流程中的逻辑结构，与信息过滤的流畅度、用户的视觉流程、可视化的认知架构以及交互方式的选择及设计密切相关。基于此，可以进一步将可视化界面中的交互逻辑分为显性逻辑和隐性逻辑，显性逻辑指的是交互行为在视觉层面的逻辑结构,对应了用户在交互过程中视觉行为的动态路径,由视觉动线引导;隐性逻辑指的是整个交互内容体系的逻辑结构,由交互架构引导(如图6-8所示)。

通过上述的交互逻辑分解可知,大数据可视化中的交互不仅需要了解目标用户的目标任务,更需要从上述两个方面出发,深入研究用户在交互流程中的认知、选择及决策时的策略,深层解析用户在交互过程中策略选择的思维逻辑,梳理出可视

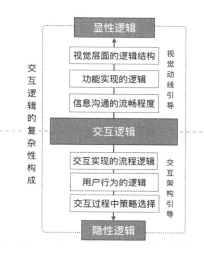

图6-8 可视化中交互逻辑的复杂度构成

化是如何引导用户进行交互的,并通过分析用户的潜在意图,抓住用户的核心需求,简化不必要的交互,进一步预判行为,才能降低交互逻辑的复杂度,从根本上解决大数据可视化交互的复杂度问题。

6.4.2 交互架构的复杂度

6.4.2.1 交互逻辑中的交互架构

在大数据可视化的交互过程中,当大规模信息实体的数量不断增加时,在有限的可视化空间内呈现所有的信息是非常困难的。用户所看到的界面中视觉对象,如文字、色彩、布局等属于直观感知层,直观感知层之上的,即为可视化的交互架构层,指的是整个交互内容体系的逻辑结构。交互架构是整个交互行为与认知活动的"骨架"。基于交互架构,用户可以沿着交互设计的行为逻辑,有序地随着时间发展进行交互活动。交互架构决定了整个交互在可视化中是如何进行的,对应了交互流程中的逻辑结构,例如:如何选择不同交互策略对海量信息进行过滤、在交互过程中进行什么样的操作可以实现目的、什么形式的交互元素出现在可视化的什么位置最合理,以及点击某个按钮会弹出什么样的对话框等。交互架构代表了由多种交互方式、交互操作和视觉动线组成的逻辑层面的结构化组织(如图6-9所示)。

基于交互架构的层级结构,用户在交互中的初始化状态为Start,交互目的为

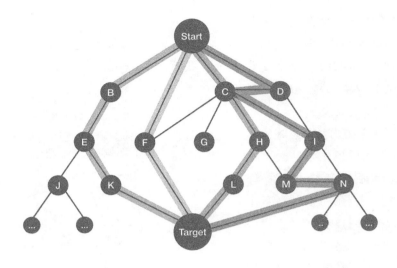

图 6-9 交互架构中不同交互策略的示意图(扫码看彩图)

Target,用户的交互过程为 Start—Target。在这个过程中,用户可以采取不同逻辑的交互策略实现相同的交互目的,且每一种交互策略并不是单一固定的,如图 6-9 中的四种交互策略 Start—B—E—K—Target(灰色路径),Start—F—Target(橘色路径),Start—C—H—L—Target(绿色路径)和 Start—D—C—I—M—N—Target(紫色路径)。从图中可以明显看出,前三种路径采用的是比较合理的策略,而 Start—D—C—I—M—N—Target(紫色路径)这一条明显曲折、离散,用户从 Start 到 Target 之间需要多次、反复地在不同的功能板块和信息层级之间来回跳跃,交互过程很不合理。

6.4.2.2 交互架构的复杂度

交互逻辑的复杂度问题与用户对交互架构的策略选择密切相关。要解决交互逻辑的复杂度,就需要搭建以用户为中心、与用户思维相匹配的交互架构,才能有利于交互方式和逻辑结构的凸显,便于用户快速、直接地进行交互,从而降低交互的难度和复杂度。

从用户角度来说,交互架构既不能"多",也不能"乱"。在传统的大数据可视化交互中,架构设计只是从理论上把所有的功能节点按照功能点相互之间的相关性整合在一个架构里,这种基于功能型的信息架构虽然满足了系统本身功能、需求,但不同功能节点在架构中的分布需要用户通过多次、反复地学习才能熟练使用,难以和用户的思维与行为习惯匹配。不合理的层级组织方式和复杂的交互结构均会加剧交互架构层级组织方式以及繁冗的结构,从而引发用户的思维混淆和凝虑,导致交互执行的停滞。

因此,在可视化中,整个交互架构的搭建是一个非常复杂的过程,除了是简单的功能分区与划分,还需要考虑信息架构上所附着的更为本质的用户行为。因此,交互架构涉及三个主要因素的耦合与匹配:交互架构的层级、用户行为的逻辑和交互控件的设计。交互层级决定了用户目标的可达性路径;交互控件决定了用户的具体执行方式;用户的行为决定了用户策略选择的前进方向。

因此,交互架构的复杂度可以基本分解为以下三层级(如图6-10所示):

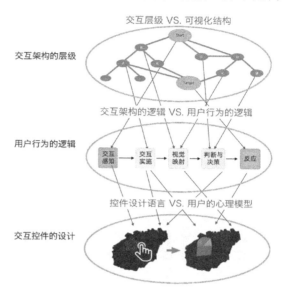

图 6-10　交互架构的复杂度成因(扫码看彩图)

(1)交互层级对信息实体的组织分类合理程度、交互层级与可视化结构的匹配程度造成的复杂度;

(2)交互架构中的逻辑与用户行为逻辑之间的匹配程度造成的复杂度;

(3)交互控件的设计语言与用户的心理模型之间的认知摩擦造成的复杂度。

此外,除了上述三个原因,还有一个影响交互架构的复杂度的内在原因——冗余性,由冗余性造成的交互架构复杂,并不一定构成认知层面的复杂,甚至有可能是有益于认知的复杂,这部分在下一节详细展开论述。

6.4.2.3　交互架构的复杂度与冗余性

当交互架构具体到可视化应用中可以发现,在相同的交互架构下,用户可以通过多种交互策略实现相同的目标。例如图6-9中的四种交互策略Start—B—E—K—Target(灰色路径)、Start—F—Target(橘色路径)、Start—C—H—L—Target(绿色路径)和Start—D—C—I—M—N—Target(紫色路径),这四种不同的交互方式涉及了四种交互结构,选择哪一种方法由用户根据需要自己决定,最终实现了相同的交互结果。根据这一现象,我们发现一个值得注意的现象:实现同一目标下的交互路径数量应该如何确定,是越少越好,还是越多越好?交互方式过多,增加了用户的选择难度和决策时间;反之,交互方式过少又会造成在交互架构中的迷失。目前,关于这种由重复造成的复杂度问题,鲜有学者对此展开研究,学术界尚无确切的定论。因此,这里可以引入"冗余"的概念,且提出交互架构中的冗余也会影响交互的复杂度。

冗余(Redundancy)一词最早由 Shannon 提出,指备份或重复性的内容。[197] 目前,学者们围绕信息冗余的影响提出了不同的看法:一部分学者认为冗余是一个影响认知的干扰因素,冗余越高,选择越多,需要进行判断和决策的时间成本越久。[198-202] 例如,Hick[203] 主张应当把有关做决定的选项减到最少,以减少所需的反应时间,降低犯错的概率,因为用户决策时间是随着选项增加而变长。而另一部分学者认为数量越多的冗余条件下的识别性能优于单一条件下的识别性能,因为用户与界面交互方式越多,他们的分析效率就越高。[204-205]

将冗余应用到可视化界面中可知,大多数的可视化图像都是高熵值的。表示相同内容的不同呈现方式之间是冗余,描述相同数据的不同注释形式是冗余,实现同一功能的不同系统路径、交互架构之间也是冗余。从设计角度来说,相似或重复的信息的确会带来过多的界面元素,让用户不得不面对更多的信息和选择,直接影响用户做出决策的时效。例如,图 6-11(a)中密密麻麻的可视化图像,与图 6-11(b)中只有几个图表,对选项进行同类分组和多层级分布并分成多步查

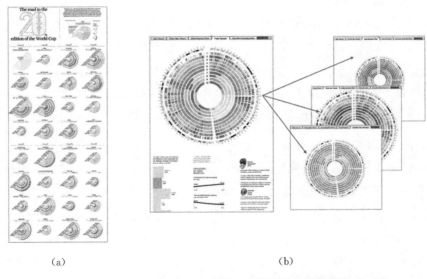

(a)   (b)

图 6-11 不同呈现形式中的冗余差异(扫码看彩图)

看的可视化界面。图(b)对用户而言明显更简单、易把控,用户使用的效率也更高,反应时间更短。基于这个角度来看,似乎把有关做决定的选项减到最少,的确可以减少用户因为选择造成的反应时间,有助于用户的决策与判断。

因此,受传统观念"少即是多"的影响,大数据可视化在设计时一直秉持复杂度越低越好的观念,却忽略了在一些情况下,合适的重复与必要的多选是有助于可视化的可靠性的,而刻意地减少这种重复性会影响有效的信息呈现,反而会造成熵值的增高。

在实际的交互过程中,用户并不一定按照现有的一种路径进行,用户的专业程度、所处的位置和思考角度都不一样,任务难度也不一样。从这个角度来看,提供给用户有关做决定的选项越多,似乎也是有益的,因为当实现目标的途径和方式越多,用户可以"操纵"数据的方式越多,对可视化的认知就可以加深更多。例如,在某场景中交互方式 A 不是最适宜的,交互方式 B 更适宜;或是在某种情况下,用户的熟练程度也会对选择有一定影响,有时一种方式就足够了,但是在另一种情况下,用户需要多种交互方式的辅助。通过两个以上的交互方式,可以适应不同场景下的用户需求,还可以减少用户出错。

因此,冗余对可视化的影响是具有全局观的,且交互冗余与交互架构的复杂度密切相关。本书将可视化交互架构中这种冗余称为"交互冗余",指在可视化中通过多种交互形式、路径和方法最终抵达交互目的的多种路径(如图 6-12 所示)。同一目标下交互冗余的具体数量并不是一个固定的数值,而应该根据实际需求中交互架构的复杂度、操作步骤和执行难易程度来确定。

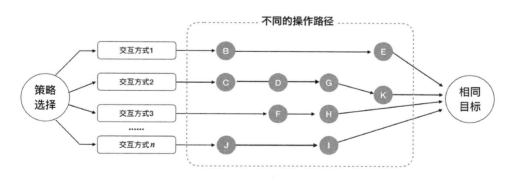

图 6-12 可视化中的交互冗余

当交互架构的层级较多、结构较深时,可以增加冗余路径帮助用户更快地找到适合的交互方式[如图6-13(a)所示];当可视化中交互架构的层级少、结构扁平、较为简单时,交互过程并不复杂,就没有必要加入冗余设计[如图6-13(b)所示]。

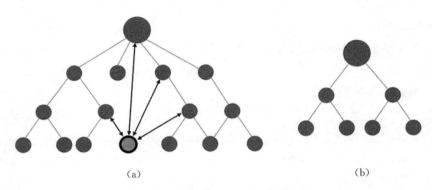

图6-13　不同交互架构下的冗余需求差异

此外,每种交互方式下的操作步骤和执行难易程度,对交互中的认知冗余影响也十分重要。图6-14为一个交互架构的示意,图中两点之间的连线长度代表执行难度,点的数量代表操作步骤。由图可知,绿色的交互路径包含三个步骤,其中步骤1和2较简单;黄色的交互路径虽然只有一个步骤,但执行难度较高;粉色的路径包含四个步骤,但每个步骤的执行难度较低。

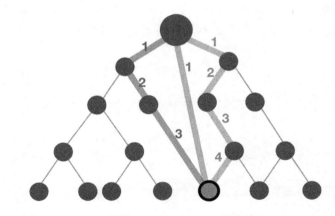

图6-14　不同操作步骤和执行难度下的冗余需求差异(扫码看彩图)

因此,当操作步骤较多、执行难度较高时,用户执行起来较复杂,需要思考的策略也会随之变多,而交互冗余可以提供多种选择,可以帮助用户更快地找到交互方式,减少因只有一种交互方式时的搜索时间。例如,在一些复杂交互过程中,所有功能模块只能通过主导航中的路径前往,任务过程中必须频繁调用主导航菜单才能更换当前位置,从而严重影响操作效率。在这种情况下,可以采用主导航模块与分步导航模块两种路径,提供用户两种导航方法并可以随意切换路径,交互效率会有很大程度的提高。与此相对的,当执行难度较低,用户不需要太多的深层次思考便可以直接操作时,一种交互方式就可以满足其需求,若在这种情况下还一味地增加交互冗余,反而会将简单问题复杂化。

6.4.3 视觉动线的复杂度

6.4.3.1 交互逻辑中的视觉动线

"动线"一词源自建筑学中的动线理论,指人在建筑物内外流动的路线。人眼的运动同样是直线转移的,视线依照先后顺序从一个注视点移动到另一个注视点。因此,本书中的"视觉动线"指的是在大数据可视化的交互活动中存在一条引导视觉流动的轨迹,用户沿着这条视觉动线的路径可以知道自己处在交互中什么位置以及要往哪里去。由 3.1.4 节中的大数据可视化的信息加工模型和 3.3.1 节中的组块化认知机制可知,用户通常是粗略扫视并抽象出信息结构后,将整个可视化分成多个子区域,在这一过程中,视觉动线就已经开始引导作用,用户沿着视觉动线对可视化中各类区域信息连续的选择和过滤,进一步构建详细的信息架构分布,最后锁定目标区域获取所需信息。但由于大数据可视化的复杂特性,用户的交互活动经常变化,且不同的交互形式和视觉布局会导致截然不同的视觉动线。

可视化的图表(窗口)布局形式属于交互信息的外部表征,用户对于这些图表(窗口)之间的内在逻辑结构的理解属于内部表征,当用户与可视化进行交互时,内部表征过程和外部表征过程之间相互作用并形成耦合,共同作用于用户的认知。然而,传统的交互往往过分强调外部表征的重要性(即可视化表征),而忽略了内部表征与外部表征之间的耦合。例如,图 6-15 中,虽然表面上的布局形式(外部表征)是一样的,但是图表窗口之间的内在逻辑结构(内部表征)是不同的,这就造成了截然相反的视觉动线。图(a)所示的是合理的视觉动线,沿着这条视觉动线,用户的认知路径精短、连贯且有序;而图(b)所示的是不合理的视觉动线,这条视觉动线存在交叉、重复折返和覆盖,用户很容易失去与界面持续交互的连贯性。

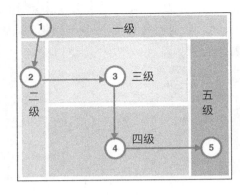 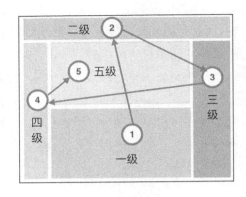

(a) 合理的视觉动线　　　　　　　　　　(b) 不合理的视觉动线

图 6-15　不同的视觉动线路径示例

由此可见,逻辑清晰、符合用户行为的视觉动线可以引导用户的视觉轨迹;而不合理的视觉动线路径交叉重叠、十分混乱,不仅交互时间久,还会造成用户的视线离散和中断,这些会导致用户查看信息时的视觉混乱,甚至会影响用户读取信息的连贯性,极大地阻碍用户的交互行为。

优化交互逻辑复杂度的最终目的是为用户规划最佳的交互行为。逻辑清晰、合理的视觉动线应该基于用户需求出发,合理的视觉动线可以有效保证用户在视点移动、视图跳转、视觉元素变化及场景变换的过程中进行交互,形成连贯、流畅的交互认知。因此,可视化中交互布局中的视觉动线复杂度优化设计需要从信息的重要性层级、视知觉的运动规律、编码属性的引导性及图表之间关联性四个方面展开(如图 6-16 所示)。

(1) 信息的重要性层级

通常,视知觉会以视图的中心为原点,将视野中的图像界面分成四个象限,在偏离视中心相同距离的情况下,人眼对这四个象限的观察次序依次为:左上、右上、左下、右下。因此,视觉动线的起始点最好设计在左上,信息的重要性层级分布也需要与人眼的观察次序保持一致,正因视觉第一关注点在左上角,最重要的信息也需要相应地呈现在左上角。

(2) 视知觉的运动规律

基于视觉系统的生理特性,人眼在观看、辨别视觉对象时会遵循一些明显的视觉运动规律,例如:人在观察时最先注意的只会是最明显、最容易被感知的刺激,且只有一个注视点;人的视知觉习惯是从左到右、从大到小、从有色到无色、

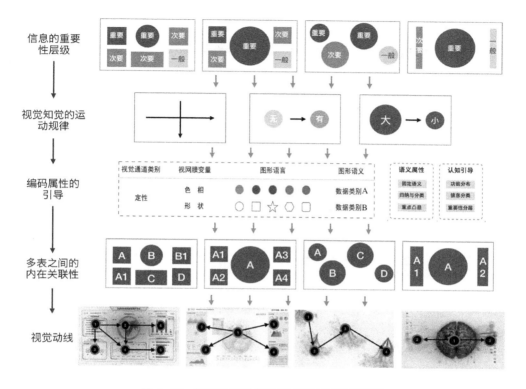

图 6-16 视觉动线的复杂度成因(扫码看彩图)

从动态到静态等。因此,可视化中的视觉动线需要与视觉规律保持一致,基于这些视觉规律设计交互逻辑,避免因违反视觉规律造成的认知失误。

(3) 编码属性的引导性

用户的认知加工次序分为由浅到深三个层次,分别对应可视化中呈现属性的认知、结构属性的认知和引导属性的认知。浅层次认知是用户对刺激中呈现属性的感知阶段,而深层次认知是用户对结构属性的识别和理解阶段,用户通过具体分析各类信息编码属性,获取蕴含在可视化中的各类结构属性,如功能划分、主题划分、层级划分等结构信息,最终根据这些编码属性的关联性引导,沿着既定的视觉动线进行交互认知。

(4) 多图表之间的内在关联性

可视化图表是用户查找、感知、解码整个大数据可视化的核心对象,而交互式大数据可视化界面经常同时包含多个图表,用户浏览这些图表的顺序并不仅仅是按照上述三种引导，因为图表之间存在不同的相关性，且这种内在关联性在视觉动线的构建过程中十分重要。但是，这种内在的关联性一直被忽略，造成了视觉动线的设计缺陷。因此，下一节将针对这种图表间的关联性对视觉动线布局的影响展开具体研究。

6.5 基于 CogTool 交互仿真的视觉动线布局研究

4.5 小节的实验结果证明了用户的感知容量是有限的，数量过多的编码叠加会超过人的感知极限，影响认知绩效，因此，大数据可视化经常采用多个图表（窗口）的形式进行呈现，即为多图表可视化形式（Dashboard）。这种多图表可视化可以将原始数据所包含的复杂属性子类别拆解成不同的图表，从不同的角度呈现数据。同时，基于上一小节的分析可知，可视化的视觉动线与信息重要性层级、视线轨迹的运动规律及视知觉的认知解码相关，但是多图表之间不一定存在重要性差异，而图表之间的内在关联性是可以根据数据结构分析出的，有些图表之间的数据结构互不相同，属于并列关系；有些图表之间的数据结构是上下层级关系，属于包含与被包含关系。在不同的相关性下，图表窗口之间的内在逻辑结构是不同的，用户的视觉动线也是不同的。因此，交互的视觉动线更多的是与这种图表间的内在关联性相关，而按照传统的重要性分区的方法难以满足多图表大数据可视化的视觉动线需求。但是这种多图表之间的内在关联性在现有的研究中一直被忽略。基于此，本节选取了两种典型的图表内在关系，结合不同图表数量和不同布局形式，对这些因素作用于视觉动线的影响展开研究。

考虑到第 5 章的研究已经验证了视觉复杂度是由被试的熟悉度调节的，为了排除人为的主观因素并最小化无关干扰因素的影响，如理解时间差异、被试的熟悉度、图表的数据复杂度的影响，实验采用 CogTool 界面评估软件模拟用户交互过程中的每一步骤操作，并对用户的眼动时间和交互动作执行时间进行仿真。CogTool 是由卡耐基梅隆大学开发的一款建立在 ACT-R 认知模型上的界面评估软件，它通过仿真用户交互过程中的视觉缓存、视觉模块、手动模块，以及手部运动模块，可以有效测评完成某项操作的眼动时间和交互执行时间，如光标控制、触控、键盘或语音交互。[206] CogTool 的优势在于可以直接对界面好坏尤其是对界面布局进行判定,最重要的是,仿真结果不考虑人为干扰因素,可以最小化干扰因子,满足本次实验目的。

6.5.1 实验设计及材料

实验设计为 3×2×5 的设计,因素 1 为不同图表数量(3 个、4 个、5 个),因素 2 为图表的内在关联性(并列关系 A-B、包含关系 A-A1/A2/A3),因素 3 为不同的布局形式(平铺、左右、上下等),并同时结合主图表坐标位置进行研究。这里的主图表指的是可视化图像中的最核心图表,一般主图表在并列关系中是用户需要首先进行解读的图表,主图表在包含关系中包含了其他图表。

实验所用数据来源于网络,包含了某网站的总浏览量、分区域浏览量、分时段浏览量、浏览入口、访客性别、访客年龄、访问行为、访问端口等 15 类数据信息。首先,将数据包中的所有数据按照 3.2 节中的四种结构属性进行分类,并基于图 4-11 建立的数据结构与属性编码的表征映射,随后通过在线可视化软件(SaCa DataVis)生成对应的各种可视化图表,如圆积图、桑基图、饼图、柱状图等,最后再由 AI 软件将输出图表按照不同的布局形式布置。多图表可视化包含的图表数量级很多,考虑到实验时长的限制,本次实验设计选择最为常见的三个数量级(3 个、4 个、5 个)展开研究,并提取了每种数量级上最常用的布局形式和对应的主图表位置作为实验材料的设计标准,具体见图 6-17～图 6-19。所有可视化素材的尺寸均为 1920×1080 像素。

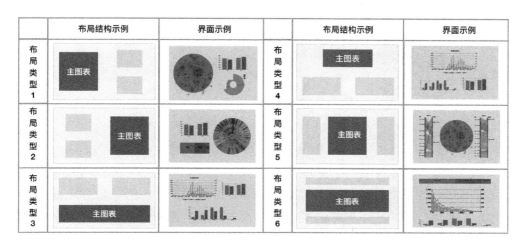

图 6-17 3 个图表的可视化布局类型

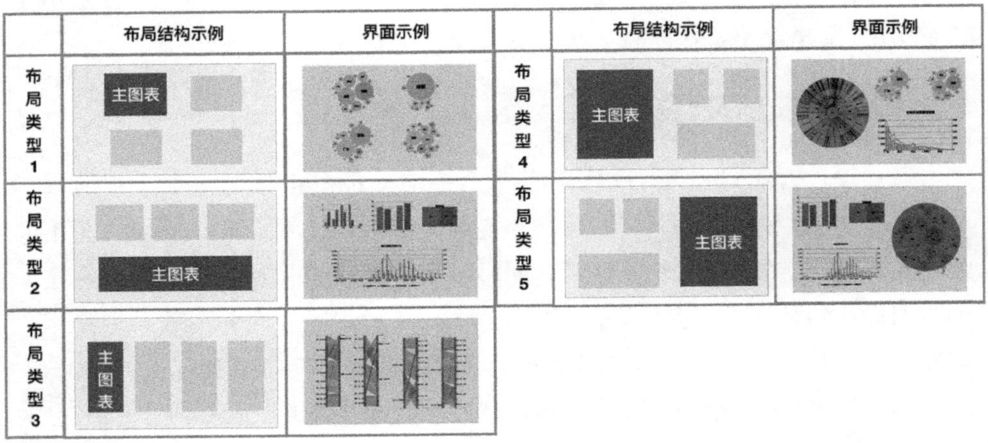

图 6-18 4 个图表的可视化布局类型

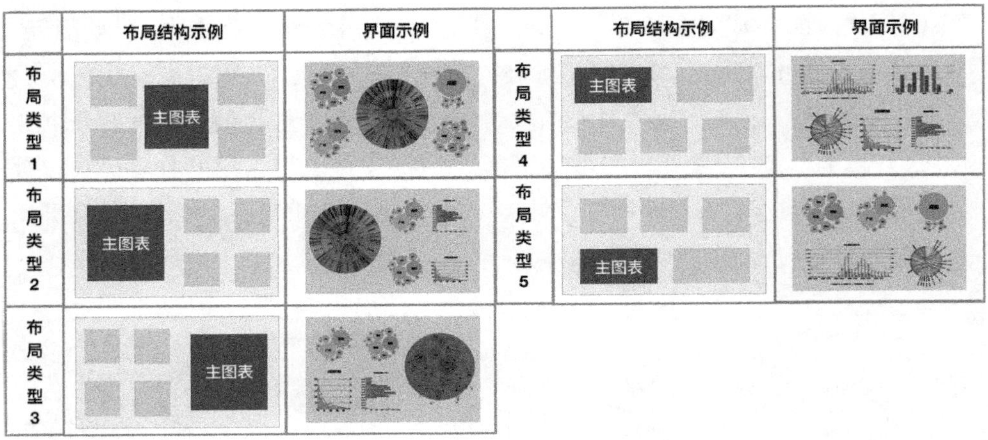

图 6-19 5 个图表的可视化布局类型

实验中相同布局形式下,两种内在关联性的多图表可视化示例见图 6-20。其中,图(a)为并列关系,五个图表分别从浏览量和访客性别、分地区访客量、不同省市浏览量、浏览量来源分布和分时浏览量五个角度呈现了浏览信息,这五个图表的数据之间并无包含关系,用户只需要逐个浏览即可以获取所有信息。图(b)为包含关系,中间的圆积图表是主图表,呈现的是所有省市的浏览量,周围的四个小图为其中四个省(市)的分区浏览量,与主表的关系为被包含关系。当用户需要浏览各个地区的浏览情况时，需要结合主图表中该地区的浏览信息才能进一步了解小图表中的浏览信息。例如，图中左上方的图表显示的是北京地区的浏览量，右上方的图表显示的是成都地区的浏览量，单独比较这两个图表会发现成都地区的浏览量明显大于北京市朝阳地区的浏览量，但在主图表中成都地区的浏览量明显是小于北京市朝阳地区的浏览量。因此，包含关系需要用户在被包含和主图表之间来回浏览信息才能获取所有信息。

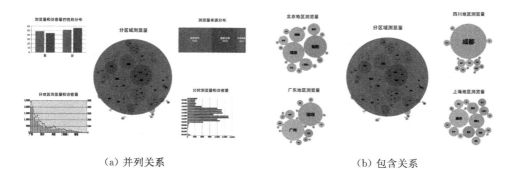

(a) 并列关系　　　　　　　　　　(b) 包含关系

图 6-20　两种内在关联性的多图表可视化示例

此外，为了进一步研究主图表所在位置的影响，每种布局形式下采用了不同的主图表位置，并将整个可视化分为 x 轴和 y 轴，对主图表的中心点所在位置按照 x 轴的左、中、右和 y 轴的上、中、下进行了分类。相同布局形式下不同的主图表位置示例见图 6-21。

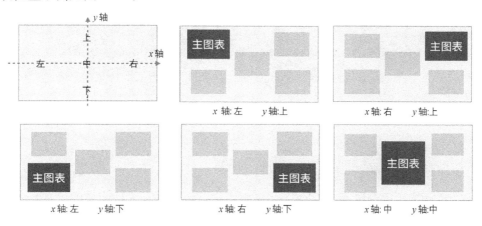

图 6-21　相同布局形式下不同的主图表位置示例

6.5.2 实验程序

实验素材共包含 38 张包含关系和 38 张并列关系的可视化图像。并列关系的多图表可视化的实验任务是从主图表开始，逐个点击并浏览所有图表，非主图表的浏览顺序设置为随机。包含关系的实验任务也是从主图表开始，但需要逐个点击并查看所有被包含图表与主图表之间的相关信息，非主图表的浏览顺序同样设置为随机。图 6-22 为 CogTool 的仿真结果，第一部分为整个交互过程的进度条；第二部分为某个交互片段的详细信息，每一个交互片段都依次包括了第一次眼动准备时间、眼睛首次注视到该目标的时间、眼睛二次注视到该目标的时间、移动光标至目标时间、光标点击时间等详细信息；第三部分为具体参数区域，该部分详细列出了所有交互过程中的各项数据。

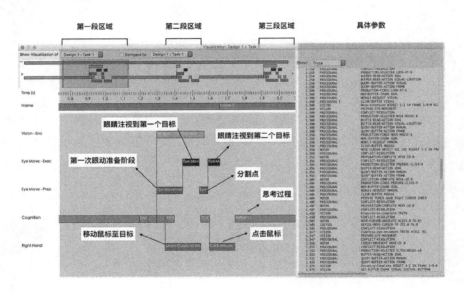

图 6-22　CogTool 的仿真结果

6.5.3 实验结果与分析

实验结果主要统计由 CogTool 模拟用户在包含 3、4、5 种图表的可视化中浏览全部图表所需的眼动时间（不含眼动准备时间）和光标移动到各目标窗口中心的光标移动时间（不含光标点击时间）。

首先，对包含所有图表数量级可视化的眼动时间数据进行方差分析，发现图表数量的主效应显著($F=226.728$,$p<0.001$),说明图表数量的增加的确会影响用户的反应时间,关系类型的主效应显著($F=314.646$,$p<0.001$),说明并列关系与包含关系之间存在显著差异。主图表中心点所在水平位置(x轴)的主效应显著($F=3.122$,$p=0.049$,$p<0.05$),但所在垂直位置(y轴)的主效应不显著($F=0.129$,$p=0.88$),说明水平位置有显著影响。对光标移动时间数据进行方差分析,结果与眼动时间基本相同:图表数量的主效应显著($F=258.096$,$p<0.001$),关系类型的主效应显著 $F=334.491$,$p<0.001$),但主图表中心点的 x 轴位置的主效应基本不显著($F=2.945$,$p=0.59$),y 轴位置的主效应不显著($F=0.035$,$p=0.966$)。

由图 6-23 可知,包含关系中的可视化的整体眼动时间和光标移动时间均大于并列关系的可视化,且两种关系之间的差异随着图表数量的增加而变大。由此说明,并列关系中各个图表(窗口)之间的视觉动线更简洁,而包含关系中各个图表(窗口)之间的视觉动线更复杂。

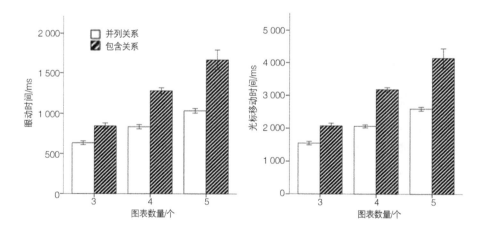

图 6-23　不同图表数量级上的眼动时间(左)和光标移动时间(右)

图 6-24 显示了主图表中心点所在水平位置(x 轴)分别位于左、中、右的眼动时间和光标移动时间。从图中可以看出,当主图表主的中心点位于水平位置中心时,浏览全部图表所需的眼动时间与光标移动时间最短,即视觉动线最简洁。无论主图表中心点所在水平位置(x 轴)位于左、中或是右,并列关系的视觉动线都比包含关系的用时更短。此外,图表数量和图表内在关联性之间存在交互效应显著($F=165.4$,$p<0.001$),图表数量和主图表所在垂直位置(y 轴)之

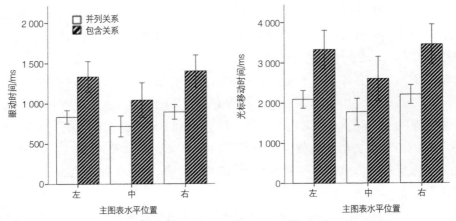

图 6-24 不同主图表水平位置的眼动时间(左)和光标移动时间(右)

间存在交互效应显著($F=3.261$,$p=0.023$),图表内在关联性主图表所在水平位置(x轴)之间存在交互效应显著($F=10.002$,$p<0.001$)。因此,需要具体分析各因素水平上的差异,分别从并列关系和包含关系上对这类可视化的眼动时间和光标移动时间数据进行方差分析。

(1) 3个图表(窗口)的可视化

3个图表(窗口)的可视化布局形式共有6种布局类型共12种布局形式。当3个图表之间是并列关系时,6种图表类型对于眼动时间还是光标移动时间均不存在显著效应($F=1.167$,$p=0.393$;$F=1.320$,$p=0.369$),且主图表中心点所在水平位置和垂直位置对于两种时间均不存在显著影响(x轴:$F=2.459$,$p=0.257$;$F=1.447$,$p=0.352$;y轴:$F=0.69$,$p=0.803$;$F=0.12$,$p=0.743$)。说明并列关系下的3个图表的布局形式对于视觉动线的影响不大。

当3个图表是包含关系时,这6种布局类型在眼动时间($F=26.025$,$p=0.036$,$p<0.05$)和光标移动时间($F=22.33$,$p=0.042$,$p<0.05$)上均存在显著影响(如图6-25所示)。此外,主图表中心点所在水平位置(x轴)对于眼动时间($F=21.094$,$p=0.008$,$p<0.01$)和光标移动时间主效应也显著($F=13.501$,$p=0.017$,$p<0.05$),但所在垂直位置(y轴)的主效应不显著($F=0.129$,$p=0.88$)。对不同主图表水平位置和布局形式的眼动时间和光标移动时间进行LSD多重比较检验分析,具体结果见表6.3和表6.4。结果显示,主图表水平位置中,位于中间的绩效显著高于左右两边,左右两边没有差异;布局形式中布局6的绩效最高,其次是布局5,布局1、3、4的差异不大,布局2的绩效最差。

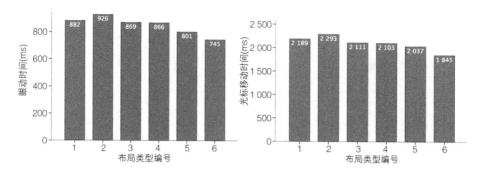

图 6-25　包含关系时不同布局上的眼动时间(左)和光标移动时间(右)1

表 6.3　包含关系时不同主图表水平位置的 LSD 多重比较检验 1

主图表中心点		眼动时间			光标移动时间		
I	J	均值差（I-J）	标准误	p	均值差（I-J）	标准误	p
左	中	67.750*	22.978 09	0.013	175.50*	52.316 87	0.006
	右	-44.000	25.171 23	0.108	-90.250	57.310 26	0.144
中	左	-67.750*	22.978 09	0.013	-175.50*	52.316 87	0.006
	右	-111.750*	22.978 09	0.001	-265.750*	52.316 87	0.000
右	左	44.000	25.171 23	0.108	90.250	57.310 26	0.144
	中	111.750*	22.978 09	0.001	265.75*	52.316 87	0.000

表 6.4　包含关系下不同布局形式的 LSD 多重比较检验 1

类型编号		眼动时间			光标移动时间		
I	J	均值差（I-J）	标准误	p	均值差（I-J）	标准误	p
1	2	-0.044 00	0.019 26	0.052	-0.104 00	0.058 35	0.113
	3	0.012 17	0.017 58	0.509	0.077 50	0.053 27	0.184
	4	0.015 17	0.017 58	0.414	0.085 83	0.053 27	0.146
	5	0.081 01*	0.019 26	0.003	0.152 00*	0.058 35	0.031
	6	0.137 00*	0.019 26	0.000	0.343 50*	0.058 35	0.000
2	3	0.056 17*	0.017 58	0.013	0.181 50*	0.053 27	0.009
	4	0.059 17*	0.017 58	0.01	0.189 83*	0.053 27	0.007
	5	0.125 00*	0.019 26	0.000	0.256 00*	0.058 35	0.002
	6	0.181 00*	0.019 26	0.000	0.447 50*	0.058 35	0.000

（续表）

类型编号		眼动时间			光标移动时间		
I	J	均值差（I−J）	标准误	p	均值差（I−J）	标准误	p
3	4	0.003 00	0.015 73	0.854	0.008 33	0.047 65	0.866
	5	0.068 83*	0.017 58	0.004	0.074 50	0.053 27	0.2
	6	0.124 833*	0.017 58	0.000	0.266 00*	0.053 27	0.001
4	5	0.065 83*	0.017 58	0.006	0.066 17	0.053 27	0.249
	6	0.121 83*	0.017 58	0.000	0.257 66*	0.053 27	0.001
5	6	0.056 00*	0.019 26	0.02	0.191 50*	0.058 35	0.011

（2）4个图表（窗口）的可视化

4个图表（窗口）的可视化布局形式共有5种布局类型共14种布局形式。当4个图表之间是并列关系时，这5种类型对于眼动时间和光标移动时间均不存在显著影响（$F=3.715$，$p=0.115$；$F=2.807$，$p=0.210$），并且主图表中心点所在水平位置和垂直位置对于两种时间均不存在显著影响（x轴：$F=2.282$，$p=0.25$；$F=2.248$，$p=0.253$；y轴：$F=0.637$，$p=0.483$；$F=0.32$，$p=0.869$），同样，这部分结果说明并列关系下4个图表布局形式对于视觉动线的影响不大。

当4个图表之间是包含关系时，这5种类型对于眼动时间和光标移动时间的均存在显著影响（$F=22.028$，$p=0.003$，$p<0.01$；$F=6.917$，$p=0.031$，$p<0.05$），如图6-26所示。

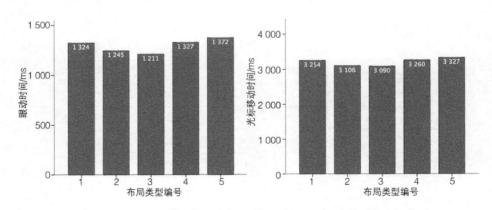

图6-26 包含关系时不同布局上的眼动时间（左）和光标移动时间（右）2

主图表中心点所在水平位置(x 轴)对于眼动时间有显著影响($F=5.785$，$p=0.05$)，但对于光标移动时间没有显著影响($F=1.182$，$p=0.38$)；主图表中心点所在垂直位置(y 轴)对于两种时间均没有显著影响($F=5.924$，$p=0.059$；$F=0.188$，$p=0.83$)。对不同布局形式和主图表水平位置的眼动时间和光标移动时间进行 LSD 多重比较检验分析，结果显示布局形式中布局 2 和 3 的绩效最高且两种形式之间没有显著差异，布局 1、4、5 的差异不大；主表水平位置中，位于中间的绩效显著高于右边，左边和中间没有差异(见表 6.5、表 6.6)。

表 6.5　包含关系下不同布局形式的 LSD 多重比较检验 2

类型编号		眼动时间			光标移动时间		
I	J	均值差 (I−J)	标准误	p	均值差 (I−J)	标准误	p
1	2	78.6*	23.379 4	0.006	148.50*	49.234 5	0.012
	3	112.6*	25.452 2	0.001	164.333*	53.599 7	0.011
	4	−3.4	29.159 2	0.909	−7.50	61.406 2	0.905
	5	−48.40	29.159 2	0.125	−73.0	61.406 2	0.26
2	3	34.0	26.618 6	0.228	15.833	56.055 9	0.783
	4	−82.0*	30.182 6	0.02	−156.00*	63.561 4	0.032
	5	−127.0*	30.182 6	0.001	−221.50*	63.561 4	0.005
3	4	−116.0*	31.815 3	0.004	−171.833*	66.999 6	0.026
	5	−161.0*	31.815 3	0	−237.333*	66.999 6	0.005
4	5	−45.000	34.851 9	0.223	−65.500	73.394 4	0.391

表 6.6　包含关系下不同主图表水平位置的 LSD 多重比较检验 2

主图表中心点		眼动时间			光标移动时间		
I	J	均值差 (I−J)	标准误	p	均值差 (I−J)	标准误	p
左	中	36.500	44.969	0.432	101.857	75.809	0.202
	右	−61.429	29.980	0.061	−93.286	50.539	0.088
中	左	−36.500	44.969	0.432	−101.857	75.809	0.202
	右	−97.928 5*	44.969	0.048	−195.142 8*	75.809	0.023
右	左	61.429	29.980	0.061	93.286	50.539	0.088
	中	97.928 5*	44.969	0.048	195.142 8*	75.809	0.023

(3) 5个图表(窗口)的可视化

5个图表(窗口)的可视化布局形式共有5种布局类型,共12种布局形式。当5个图表之间是并列关系时,这5种类型对于眼动时间和光标移动时间的均不存在显著影响($F=2.577, p=0.003, p=0.170; F=3.753, p=0.031, p=0.101$),但主图表中心点所在水平位置对于两种时间均存在显著影响($F=5.927, p=0.031, p<0.05; F=9.435, p=0.010, p<0.05$),$y$轴对于两种移动时间没有显著影响($F=0.261, p=0.777; F=0.416, p=0.675$)。对不同主表$y$轴位置的眼动时间和光标移动时间进行LSD多重比较检验分析,结果显示主图表中心点所在水平位置(x轴)中,左边的眼动时间和光标移动时间显著短于中间和右边,可见左边的认知绩效最佳(见表6.7)。

表6.7 并列关系时不同主图表水平位置的LSD多重比较检验

主图表中心点		眼动时间			光标移动时间		
I	J	均值差(I−J)	标准误	p	均值差(I−J)	标准误	p
左	中	−54.600*	16.796 3	0.010 0	−132.500*	32.642 0	0.003 0
	右	−75.600*	12.696 8	0.000 0	−154.199*	24.675 0	0.000 0
中	左	54.600*	16.796 3	0.010 0	132.500*	32.642 0	0.003 0
	右	−21.00	16.796 3	0.243 0	−21.700	32.642 0	0.523 0
右	左	75.600*	12.696 8	0.000 0	154.199 9*	24.675 0	0.000 0
	中	21.00	16.796 3	0.243 0	21.700	32.642 0	0.523 0

当5个图表之间是包含关系时,这5种类型对于眼动时间和光标移动时间的均存在显著影响($F=101.452, p<0.001; F=6.505, p=0.041, p<0.05$),如图6-27所示。

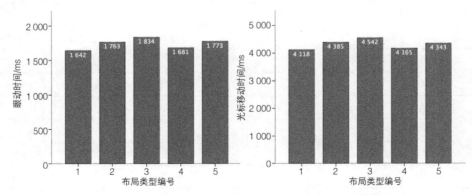

图6-27 包含关系时不同布局上的眼动时间(左)和光标移动时间(右)3

在包含关系中的主图表中心点所在水平位置对于两种时间均存在显著影响($F=152.862$,$p<0.001$;$F=82.341$,$p<0.001$),但垂直位置对于两种时间均不存在显著影响($F=0.952$,$p=0.421$;$F=0.785$,$p=0.485$)。对不同布局形式和主表水平位置的眼动时间和光标移动时间进行 LSD 多重比较检验发现,布局形式中布局 1 的绩效显著优于布局 2、3、5,布局 1 和布局 4 的差异不大,布局 4 的绩效优于布局 3;主图表水平位置中,位于中间的绩效显著高于左右两边,且左边优于右边,结果见表 6.8 和表 6.9。

表 6.8 包含关系下不同布局形式的 LSD 多重比较检验 3

类型编号		眼动时间			光标移动时间		
I	J	均值差(I−J)	标准误	p	均值差(I−J)	标准误	p
1	2	−121.500*	41.225	0.021	−267.500*	92.319	0.023
	3	−192.500*	41.225	0.002	−424.000*	92.319	0.003
	4	−39	41.225	0.376	−47.500	92.319	0.623
	5	−131.000*	41.225	0.016	−225.000*	92.319	0.045
2	3	−71	47.603	0.179	−156.50	106.601	0.186
	4	82.50	47.603	0.127	220	106.601	0.078
	5	−9.500	47.603	0.847	42.50	106.601	0.702
3	4	153.500*	47.603	0.015	376.500*	106.601	0.01
	5	61.5	47.603	0.237	199	106.601	0.104
4	5	−92	47.603	0.095	−177.50	106.601	0.14

表 6.9 包含关系时不同主表水平位置的 LSD 多重比较检验 3

主图表中心点		眼动时间			光标移动时间		
I	J	均值差(I−J)	标准误	p	均值差(I−J)	标准误	p
左	中	117.400*	37.665	0.012	260.200*	92.1	0.02
	右	−84.800*	28.472	0.015	−168.800*	69.621	0.038
中	左	−117.400*	37.665	0.012	−260.200*	92.1	0.02
	右	−202.200*	37.665	0	−429.000*	92.1	0.001
右	左	84.800*	28.472	0.015	168.800*	69.621	0.038
	中	202.200*	37.665	0	429.000*	92.1	0.001

6.5.4 讨论

本次实验考查了可视化界面中不同图表(窗口)关系以及不同交互布局对于视觉动线的影响。一般可视化的布局形式没有考虑过图表之间的关系，在设计时忽略了图表(窗口)之间的关联性，而本次实验的结果证明了这个被忽视的内在关联性对于可视化的认知有着显著影响。同时，通过实验结果侧面佐证了视觉系统的生理特点，数据对比的结果也与人眼查看、辨别目标对象时的视觉规律也基本一致。例如，实验发现主图表中心点所在水平位置对于认知速度的影响大于垂直位置，这是因为视野的水平可视区一般为 120 度，但垂直方向的可视区只有 60 度，这一生理机制造成了人眼在 x 轴上的视觉转移能力优于 y 轴方向，因此在 x 轴上方位、尺寸、比例等属性感知能力也优于 y 轴。而主图表位于左边的认知速度优于右边的原因是基于人眼的顺时针观察习惯，人眼在感知和搜索目标时的视觉规律也会按照从上到下、从左至右进行移动。

综上，本实验得到以下结论：

(1) 可视化中不同图表(窗口)之间的关系对于认知速度和交互动作执行时间上都存在显著影响。并列关系与包含关系在认知时长和光标移动时间上存在显著的差异，包含关系的整体眼动时间和光标移动时间均大于并列关系中的可视化，包含关系中的视觉动线更复杂，且两种关系之间的差异随着图表数量的增加变大。因此，相同布局形式下，如果图表之间的关系是包含关系，则需要适当减少图表数量，以优化视觉动线的轨迹。

(2) 主图表的坐标位置对于认知速度和交互动作执行时间上也存在显著影响。其中，主图表中心点所在水平方向的影响大于垂直方向，在水平方向中，主图表位于左边的认知速度优于右边，并且随着所包含的图表(窗口)数量的增多，主图表的坐标位置影响越来越大。因此，视觉动线的规划需要首先考虑主图表的水平位置，其次是垂直位置。

(3) 不同数量上的不同图表(窗口)关系下的不同布局形式会产生不同的完全不同或相反的影响。例如，在 5 个图表可视化(并列关系)中，左边的眼动时间和光标移动时间显著短于中间和右边，可见左边的认知绩效最佳，而包含关系却不一样，中间时间最短，其次是左边，最长的是右边。因此，在设计视觉动线上时需同时考虑图表(窗口)的数量和它们之间的相关性，结合信息重要性层级、视线轨迹的运动规律及视知觉的认知解码等因素，针对性地展开设计。

6.6 本章小结

本章主要从交互动作的复杂度、交互行为的复杂度、交互逻辑的复杂度这三个层次对交互的复杂度问题展开由浅入深的研究。针对交互行为,研究确定了影响大数据可视化与交互行为复杂度的 4 个影响因素,并通过数据结果分析出每一种影响因素对于交互行为复杂度的相关性程度及关系。研究将可视化界面中的交互逻辑分为显性逻辑和隐性逻辑:显性逻辑指的是交互行为在视觉层面的逻辑结构,由视觉动线引导;隐性逻辑指的是整个交互内容体系的逻辑结构,由交互架构引导。并从这两个方面出发,深入研究用户在交互流程中的认知、选择及决策时的策略,找出了交互复杂度的根源。最后,采用 CogTool 界面仿真软件对不同图表内在关联性及不同交互布局形式对于视觉动线的影响进行评估,实验结果证明,不同图表间的关系对于认知速度和交互动作执行时间上都存在显著影响,包含关系的整体眼动时间和光标移动时间均大于并列关系的可视化,因此得出包含关系中的视觉动线更复杂。

7 大数据可视化的复杂度优化方法及应用

基于前面几章对可视化的特征属性、认知复杂度、数据复杂度、视觉复杂度和交互复杂度的研究成果,本章围绕大数据可视化整个信息传递过程中的复杂度进行综合分析与模型构建,并基于该模型提出了具体的优化策略和措施。

7.1 大数据可视化中的整体复杂度

综合前几章的研究可知,认知层面的复杂度涵盖了整个大数据可视化过程中的认知、数据、视觉、交互等所有因素的研究,基于此,本节从宏观角度提出基于认知层面的整体复杂度 OC(Overall Complexity)的概念,指整个可视化人机交互全过程中的所有影响用户认知的复杂度构成,是既可以进行分层表达,也可以整合层次的统称。

因此,整体复杂度可以根据可视化的用户认知过程,从认知、数据、视觉、交互四个方面对整个大数据可视化的复杂度进行全局分解和分级,且这四种复杂度又可以进一步分解成更细的复杂度影响因子。

大数据可视化的整体复杂度可以表示为:

$$OC = CC + DC + VC + IC \tag{7.1}$$

其中,OC 为整体复杂度,CC 为认知复杂度(Cognitive Complexity),DC 为数据复杂度(Data Complexity),VC 为视觉复杂度(Visual Complexity),IC 为交互复杂度(Interactive Complexity)。

(1) 认知复杂度

由第 3 章的分析可知,认知机制的复杂性是构成认知复杂度的外因,而内因则是认知负荷的过载,两者共同构成了大数据可视化的认知复杂度。其中,可视化中所涉及的复杂认知机制的数量和类型越多,用户需要完成的认知活动越复杂。从认知负荷的角度来说,由呈现形式、信息架构和交互方式的复杂性造成的外在认知负荷需要尽可能地降低,而由此引起的相关认知负荷需要尽可能地增加,合理均衡认知负荷,避免超出用户可承受的认知负荷总量。

(2) 数据复杂度

由第4章的分析可知,信息空间的数据复杂度是由信息单元复杂度、数据结构复杂度和数据结构与图元关系匹配度三个因素共同决定的。其中,信息单元复杂度与信息节点自身、信息节点与信息节点之间聚类关系相关,由数据的属性决定;数据结构复杂度与基于认知空间的四种结构属性(维度属性、类别属性、层级属性和信息源属性)相关,每种属性的类别、结构分组越多,矩阵的规模和结构越复杂,相应的数据复杂度也就越高。数据结构与图元关系匹配度与数据与图元关系的表征形式相关,由坐标系、图元结构、图示功能、属性编码和结构映射5种构成要素的编码叠加形式与属性匹配度决定。

(3) 视觉复杂度

由第5章的研究结果可知,视觉复杂度不仅与界面中的客观属性的复杂度构成有关,还与熟悉度和秩序性有关,背后的原因都是组块强度,视觉复杂度会随着分块能力和这些"块"的强度而变化。结合5.6节中的视觉复杂度的分层感知过程,可以进一步将视觉复杂度分成低一级的复杂度因子,即呈现复杂度、结构复杂度和记忆复杂度。其中,呈现复杂度主要对应可视化图像中一目了然的图表、色彩、分区等所有数量问题和图表占比等直观视觉信息相关;结构复杂度主要对应可视化的结构属性,与可视化中的布局秩序、场景层次等内在信息相关;记忆复杂度需要用户根据自己的先验知识进行熟悉程度、关联程度以及相似程度的比对,与组块强度相关。

(4) 交互复杂度

由第6章的研究结果可知,大数据可视化中的交互不仅仅是用户在操作层面的步骤或动作,还涉及深层次的逻辑架构分析。因此,交互复杂度与交互动作、交互行为和交互逻辑相关。其中,交互动作指用户与可视化界面交互过程中物理层面的操作,以及用户的执行这些动作的操作难度和复杂程度相关,涉及各类交互动作与适用场景的匹配性;交互行为指在界面中交互行为对目标任务执行过程中的执行难度和复杂程度,与交互行为在执行过程的复杂程度以及当前的交互方式与任务需求的匹配程度相关,涉及用户如何通过合理的交互手段获取目标信息；交互逻辑指的是交互行为之间深层次的逻辑结构以及整个可视化交互实现流程中逻辑结构，例如用户如何通过交互步骤实现目的、如何通过不同交互方式对海量信息如何进行过滤等，是交互内在的复杂度，与视觉动线和交互架构相关，涉及整个可视化交互实现流程中视觉层面的逻辑结构和逻辑层面的交互路径。

同时，基于前几章对于认知复杂度、数据复杂度、视觉复杂度、交互复杂度四种复杂度的因子分解与构成，大数据可视化的整体复杂度结构模型如图 7-1 所示。

该模型综合考虑可视化整体复杂度的多样性，从认知加工次序、视觉编码、复杂度分类和复杂度影响因子四个角度分别描述整个认知过程中的复杂度，并通过对不同复杂度因子的提取和分析，"化繁为简"，将大数据可视化的复杂度问题一一分解并直观呈现出来，构建了从加工认知到视觉编码、对应的复杂度分类及影响因子的因果关系和形成机制，并建立从认知到可视化认知属性、复杂度结构关系，再到复杂度的影响因子的完整的关联性映射，为实现大数据可视化复杂度的终极简化提供了架构基础。

综上，基于本节所提出的整体复杂度及各子复杂度的构成，可以从根上分解大数据可视化的复杂性问题。通过优化各个复杂度分层因子之间的杠杆效应，可以进行大数据可视化复杂度的优化，有效降低用户的认知负荷。例如，当信息空间的复杂度较高时，数据结构及相应的图元表征形式就会相应的复杂，适当地采用低视觉复杂度和交互复杂度的设计，通过降低呈现复杂度和结构复杂度，提高记忆复杂度，优化交互行为和交互逻辑，可以避免三种复杂度的超限，从而平衡整个可视化的复杂度。

7.2 大数据可视化的复杂度优化方法

7.2.1 基于图元编码的数据复杂度优化方法

由第 4 章的研究结果可知，图元关系可以进一步分解成：坐标系、图元结构、结构映射、图示功能和属性编码与叠加 5 种构成要素。因此，要优化数据复杂度，需要从降低结构与图元关系表征的复杂度入手，进而提高这些要素之间的表征匹配性。

7 大数据可视化的复杂度优化方法及应用

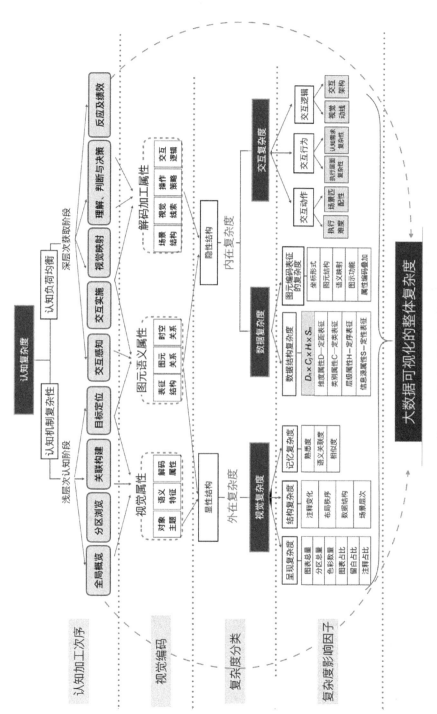

图 7-1 基于认知全过程的整体复杂度结构模型

(1) 坐标系的匹配

大数据可视化的图元关系有很多,当编码数据的时候,需要首先为其选择一个合适的结构化空间。不同类型的坐标系的匹配性取决于可视化的任务目的,应根据任务要求选择所需要呈现的数据最适宜的坐标系。因此,坐标系的匹配性指的是每一种坐标都有自身独特的适用性,需要根据数据结构、可视化的具体目的,以及每一种坐标系的特点及适用性进行匹配选择。直角坐标系是最常用的坐标系[如图7-2(a)所示],在直角坐标系中,信息的坐标即被标记为(x,y)的值对,适用于呈现各种比较型、相关型、分布型、(时间)趋势型及关系流型的数据。图7-2(b)为极坐标系,各种雷达图、环形坐标图、径向环形图和饼形图都属于极坐标,极坐标系适用于数据比较和比例关系呈现,距离圆心的半径和角度分别对应了数据的比例和大小。图7-2(c)为地理坐标系,地理坐标系通常采用纬度和经度坐标,通过投影位置来映射数据的地理信息,优势在于可以让用户直接建立与现实空间的联系,以观察位置与环境等关联信息,局限是仅适用于空间地理数据的呈现。

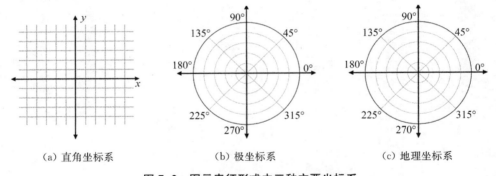

(a) 直角坐标系　　　　　(b) 极坐标系　　　　　(c) 地理坐标系

图7-2　图元表征形式中三种主要坐标系

(2) 图元结构的匹配

图元结构是数据表征形式的基础,常见的图元结构分类包括类别比较、时间趋势、局部与整体、关系流等。图元结构的匹配指的是通过选择满足外部表征与用户心理映射相统一的图元结构,并在图元中安排适当的信息,以保持图元结构的功能性与用户的心理操作之间的相互匹配。设计时尽量选择最匹配的图元结构来减少用户心理操作,帮助用户跳过学习过程,减少用户的心理操作,使用户能够快速解码图元结构中的信息。

(3) 合理的映射与隐喻

映射与隐喻在可视化中分别代表显性和隐性的视觉表达形式,映射帮助用户能够快速切换、理解视觉编码所代表的数值,隐喻则是采用内在关联性和比喻手法进行表征,两者都可以将数据的"数值"转换成视觉可感知的"视觉值"。合理的映射与隐喻指的是所呈现出的视觉语义应该与映射和隐喻的表达手法相互匹配,让用户可以准确读懂隐藏在视觉形式背后的数据关联性,并准确获取所需要的目标信息。以图7-3为例,当图元结构都是树形图时,可以根据不同的情境语义映射进行视觉形式的表达:图(a)是垂直空间的树形图,可以匹配"高度"语义下的可视化主题;图(b)是水平空间的树形图,可以匹配"长度"语义下的可视化主题;图(c)是径向空间的树形图,可以匹配"地球/世界"等语义下的可视化主题;图(d)是二维平面自由空间的树形图,层级的发散形式自由,具有一定的"发展、蔓延、趋势"语义,可以匹配"海洋/河流"语义下的可视化主题。如果采用图(c)的结构来与图(a)中"高度"语义进行关联,则匹配性较低,用户难以建立视觉共鸣。

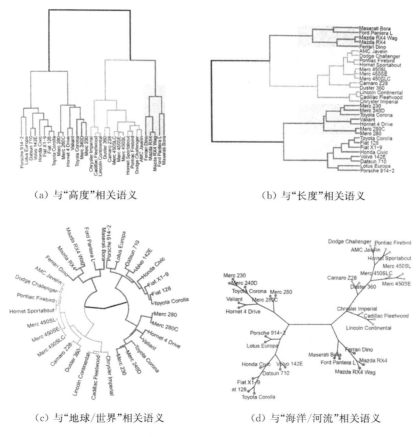

(a) 与"高度"相关语义　　　　　　(b) 与"长度"相关语义

(c) 与"地球/世界"相关语义　　　(d) 与"海洋/河流"相关语义

图7-3　树形图元关系下的不同视觉语义

因此,映射与隐喻在元素设计和编码形式的选择上需要满足可理解性、准确性、普适性、熟悉性四大要求。

(4) 图示与功能的匹配

图示与功能的匹配性指设计中所采用的图示与设计师希望用户读懂的功能之间的匹配关系。图示与功能的匹配形式需要考虑图示中的图形语义和色彩功能,如色调并不产生自然排序,因此不适用于相对判断或比较任务;颜色的饱和度、有序的明度对于相对判断和比较任务更有效,但不适合精确差异的估值;当面积和体积不适合连续量的估值时,难以具体呈现多个对象之间微小差异,但适合较大差异时的估值等。此外,还需要考虑视觉的感知偏向与视错觉,因为人们有时候会做出高估或低估的数值判断,这些视知觉偏向包括长度的多少、面积的大小、顺序的前后、明度的轻重、角度的正负等。例如图 7-4(a)中的 B 和 D 之间很难区分二者的差异,而图 7-4(b)使用长度作为大小的图示则可以非常明显、快速、直接地看出 B 和 D 之间的数值差异。

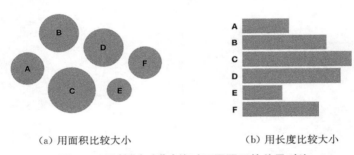

(a) 用面积比较大小　　　　　　(b) 用长度比较大小

图 7-4　比较"大小"功能时不同图示的差异对比

(5) 属性编码与叠加的平衡

基于 4.5 小节中的属性编码叠加实验结果可知,一种属性的视觉编码非常简单,只选择一种视觉形式下的多个量级进行表征即可,但大数据可视化通常需要多种类、多数量的视觉属性编码和叠加。随着属性编码叠加逐渐复杂,维度(D)、类别(C)、层级(H)、信息源(S)四种数据结构在编码表征时叠加产生的复杂度对于用户的认知绩效存在差异,不同的叠加形式、不同属性的编码形式的认知绩效之间也存在差异。因此,在设计时需要尽量平衡属性编码与叠加,综合考虑不同属性组合形式之间的优劣势,并根据具体叠加数量级和叠加形式进行分析。

7.2.2　基于客观属性的视觉复杂度优化方法

由第 5 章的研究结果可知,大数据可视化的视觉复杂度与认知效率有着密切的关系，视觉复杂度过高会造成用户在认知可视化图像时的混乱，从而导致用户认知负荷的增加，影响用户的信息感知速度及认知效率。由5.6节的分析结果可知，大数据可视化的视觉复杂度是由众多客观属性构成的，因此，优化视觉复杂度需要基于这些客观属性展开。

（1）均衡对称的布局秩序

根据前面的分析，整体布局的视觉秩序与整体可视化中各元素的分布均衡性和对称性有关。因此，可视化中各类元素应该尽量按照水平、垂直对称轴平均分布，窗口和图表的排列尽量保持间距一致、规律有序，整体布局的视觉秩序越高，可视化的复杂度越低，越易于加工认知。

（2）控制图表数量

图表是可视化进行数据呈现中最主要的视觉属性，可视化中所包含的图表总量对于可视化视觉复杂度的影响十分重要。第5章分析的组块理论指出，工作记忆的容量是 7 ± 2 个"块"，也就是说，大脑一次只能容纳 $5\sim9$ "块"信息。因此，一个可视化中的图表数量尽量不要超过9个，否则会超过用户的感知容量，造成了额外的认知负荷。如果要展示的图表较多，可以采用切换的形式逐个展示，避免一次呈现数量过多，具体的布局形式可以参考6.5节中的实验结论。

（3）清晰合理的分区

清晰合理的分区指的是将多个图表或内容信息按照不同功能、类型进行分割，为用户提供清晰的视觉引导。与图表一样，分区的数量不要超过9个，且需要注意分区形式的清晰度。在可视化中，分区的形式不一定是窗口，可以是采用线框等设计形式，也可以是色块。需要注意的是，分区的形式尽量简洁，避免过度追求形式而造成无效冗余。

（4）遵循色彩认知机制

色彩是人类视觉感知中最敏感的属性，不仅具有情感性、联想性以及象征性等特点，还提供了视觉凸显、类别区分等表征功能。在可视化交互过程中，用户通过具体分析色彩的色相、饱和度、明度等属性变化，可以获取蕴含在不同色彩中的各类信息属性，从而提取界面内在信息的关联性引导，如相同层级信息的功能划分、不同层级信息的主次关联性、信息之间的重要性分层等。按照由浅入深的认知次序，可以将可视化中的色彩属性分成：呈现属性、语义属性和认知引导。可视化中具体使用色彩的数量应该综合考虑呈现属性、语义属性以及认知引导，并结合数据类型和任务目的来确定。例如，在当前可视化只需要通过色彩进行语义属性的归纳与分类时,可以采用色相变化少、明度低的色彩编码;当可视化中需要色彩同时表达多种属性时,如认知引导中的信息分类和重要性分层时,就需要采用色相变化多、明度高的色彩编码,色彩变大,数量也更多。

(5) 优化控件的数量和形式

控件常见于交互式大数据可视化图像中,是可视化界面中所有界面构件的总称。可视化中的控件呈现数量和形式需要根据可视化的功能来确定,也需要根据用户的视觉容量控制控件的数量,并将各类控件根据控件信息的重要次序结合人眼的最佳视角进行合理的空间排列,如果不能将控件的呈现方式进行合理的设计,这种无序会影响整个可视化的复杂程度。此外,当界面中控件较多时,应该考虑采用"隐藏—弹出"的呈现形式,以减少用户的认知负荷。

(6) 适当的图表占比与留白

图表占比和留白区域占比主要体现在可视化界面图像中的大小比例。留白占比太少,整个可视化界面信息布置过满,会导致用户的认知负荷和较差的情感体验;留白占比过大,图表占比较少,整个可视化图像比重失衡。图表是可视化的主体信息,但让信息"呼吸"是很重要的,适度的留白可以避免过度拥挤,保持整个可视化界面的条理性,让可视化更简洁、更容易接近,也更容易理解,整体可视化界面比较均衡。

(7) 精简的注释形式

大数据可视化以展示多种形式的图表信息为主,当数据信息较多时,就需要一定的注释来辅助用户查看信息。注释形式包括图标、文字、图形等,注释变化包括注释的总量、间隔、类型及视觉形式等多种变化。从视觉容量的角度来看,注释变化最好不要超过三个层次:标题、子标题和内容注释;此外,要确保注释所使用的图形与整个可视化图像相辅相成,注释的形式不能"喧宾夺主",注释形式的变化不应该干扰整个可视化的视觉效果,更不能干扰用户的认知。注释变化过多,不仅数量过载,而且文字的字号大小变化形式过度,严重干扰了整个可视化的认知流畅度。

(8) 最少化的场景层次

大数据可视化图像经常会包含一些辅助主题信息传达的背景信息,这些信息的呈现形式构成了可视化空间场景中的不同层次。如果场景层次过多,不仅会造成可视化的视觉复杂度增高,还会让用户难以区分信息的主次,干扰用户认知。因此,在设计时应该尽量缩减场景层次的数量,加强场景层次之间的对比,以减少不必要的视觉干扰。

7.2.3 基于认知冗余的视觉复杂度优化方法

根据6.4节的分析可知,复杂度不仅与视觉输入的清晰度、数量、多样性有关,还与可视化中的冗余程度密切相关。因此,降低视觉复杂度除了优化客观属性之外,复杂度背后还存在一个"双刃剑",即可视化中的冗余信息。目前,视觉形式中的冗余与视觉复杂度的关系很微妙,低冗余简化了呈现形式,但容易导致目标信息的迷失,因为过少的信息量无法正确、全面地传递数据信息;反之,高冗余丰富了呈现形式,但对认知资源分配有要求,多余的信息容易导致视觉信息超载,造成用户的视觉混乱,影响用户的认知效率。

7.2.3.1 视觉复杂度与认知冗余

可视化中的冗余指的是具有相同性质、相同目的、不同形式的信息重复方式,主要发生在呈现结构与交互架构中,通常会伴随复杂产生,与可视化的复杂度密切相关。复杂代表程度,复杂度的高与低形容的是性质层面的差异;认知冗余度低,则视觉复杂度低;反之,认知冗余度高,视觉复杂度不一定高。二者之间既相互影响,又相对独立。

正如6.4.2节中的分析,提供多种重复或备份的冗余信息的核心是为了简化用户决策过程,减少用户在页面间穿梭时的压力和延时。因此,大数据可视化在设计时不应该考虑冗余信息本身,而是应该考虑冗余信息对于认知的影响,即认知冗余。基于不同的影响,可以进一步把可视化中的认知冗余分为:有效冗余和无效冗余。有效冗余指的是能对用户认知起到合理促进作用的多余重复性信息,也可以称之为合理的认知冗余,这种有效冗余虽在视觉上增加了复杂度,但有助于用户的信息获取,实际上是降低了视觉复杂度,例如必要的参考线等辅助信息。无效冗余则是指对用户认知无效或者起消极作用的多余重复性信息,例如视觉呈现形式上的过度装饰、图表中的不重要的信息等,这种无效冗余会带来额外的认知资源投入,从而增加了视觉复杂度。可视化中合理的认知冗余与视觉复杂度的关系如图7-5所示。

7.2.3.2 基于视觉复杂度优化的有效冗余设计方法

当前,很多大数据可视化在设计呈现形式时"为了复杂而复杂",出现了很多无效冗余元素,这些无效冗余不仅占据了过多可视化的视图空间,还妨碍了核心功能的呈现。因此,在设计时需要尽量减少无效冗余,可以从以下几点展开:

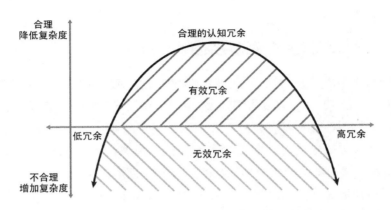

图 7-5　可视化中的认知冗余与视觉复杂度

(1) 避免多余的装饰设计

现有的可视化中经常为了追求形式,出现一些过度叠加、相互覆盖的视觉效果,这些无意义的背景纹理、边框只起装饰作用,干扰了用户对注释信息的追踪和查找。因此,在可视化设计时应该排除与意义建构无关的无效冗余,尽量避免带有装饰性、无意义、多余的重复形式,以减少用户的认知资源投入。

(2) 减少无意义的区域占比

由于图元表征的比例问题,可视化中的一些图表中经常存在很多无意义区域,例如图 7-6(a)中,该堆积图中底部无意义区域占比过多,且这部分的数据信息可以通过坐标轴 y 轴读取,实际并不需要占据整个可视化过多比例,可以直接将 y 轴的起始数值调高,来减少这类无意义的区域占比,从而降低无效冗余,改良后的可视化图表如图 7-6(b)所示。

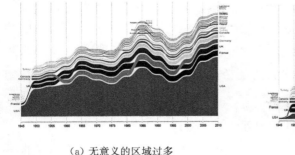

(a) 无意义的区域过多　　　　　　(b) 低冗余的呈现形式

图 7-6　无效冗余示例:无意义的区域过多

（3）合理的图表标尺

图表标尺作为辅助信息，在可视化中具有重要的信息引导作用，通过标尺作为参考，用户可以快速识别信息对象之间的比例关系、差异性及关联性。但是，这类标尺并不是化分越细越好，数据呈现的单位也不需要非常精确，应该选择适中、合理的图表标尺，清楚地呈现出数据间的差异就好。以图 7-7 的径向坐标雷达图表为例，图(a)中的标尺分段过多、密度过高，造成了很大的视觉噪音，属于无效冗余，而图 7-7(b)采用的标尺比较适中，不会干扰用户的认知，且可以有效辅助数据主体的凸显。

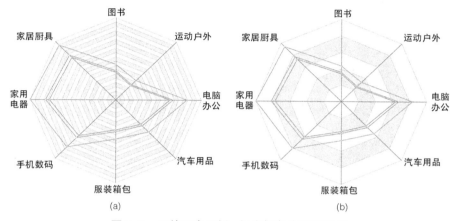

图 7-7　无效冗余示例：极坐标角度信息重复

（4）打破色彩相似度

在可视化中，色彩过于相似也是一种无效冗余。以图 7-8 为例，图(a)和(b)中都是和弦布局图，图(a)采用的色相都是蓝色，只在明度上设计了差异，冗余信

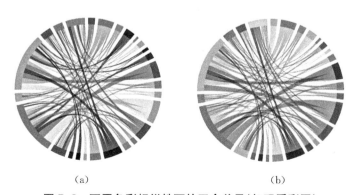

图 7-8　不同色彩相似性下的冗余差异（扫码看彩图）

息较高；而图（b）中采用的色相很多，通过色彩打破了相似性。需要注意的是，可视化中的色彩具有视觉凸显、类别区分等表征功能，色相与饱和度、明度等属性变化的结合还可以表征各类信息属性，如不同信息的主次、信息之间的重要性、关联性和功能划分等。此外，可视化中颜色过少或相似度高会降低目标的区分度，但颜色过多、饱和度高又会导致主次信息的辨别难度和视觉疲劳，两者都可能会导致用户的认知负荷。因此，可视化的色彩设计需要综合考虑上述多种因素。

综上所述，在可视化中存在一定合理的认知冗余设计是必要的，但是需要根据具体情况合理控制冗余度。基于认知冗余的视觉复杂度优化方法的核心是减少可视化中的这些带有装饰性、无意义、多余的、高相似度的视觉重复形式，排除与意义建构无关的无效冗余，保留那些具有意义、秩序化、辅助功能的视觉重复形式提示，并增加有效冗余。

7.2.4 基于视觉动线和交互架构的交互复杂度优化方法

根据第 6 章的分析，交互复杂度优化方法主要从交互逻辑中的视觉动线和交互架构两个方面展开。

7.2.4.1 基于视觉动线的交互复杂度优化方法

基于 6.4.3 节的理论分析和 6.5 节的实验结果，视觉动线的引导策略的核心是抓住用户的视觉动线、保持程序化路径与用户路径一致，使可视化交互界面与用户的认知过程形成一个和谐又紧密的耦合，让用户的视觉动线沿着最佳的交互流程进行。除了遵循 6.5 节中实验结果的推荐布局形式来设计视觉动线，还需要从用户的任务需求、信息等级分层、视觉感知规律、路径规划、回溯路径、页面切换形式、响应时间和容错 8 个因素展开，对视觉动线进行变"被动"为"主动"的复杂度优化，才能从根本上优化视觉动线，降低复杂度。具体优化方法如图 7-9 所示。

（1）预设需求任务

通常，大数据可视化的交互行为以任务为导向，可以根据可视化的用户需求和信息功能提前预设一些认知主任务，并可以进一步分解成多个子任务，设计时可以以这些目标信息为依据，结合用户需求和可视化系统信息的呈现特点来优化视觉动线。

（2）基于视觉层次的信息分级

基于信息等级的视觉动线可以帮助用户快速、有序地感知并获取不同层级

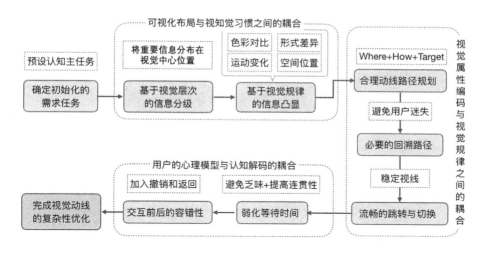

图 7-9 视觉动线的复杂度优化方法

的目标信息。因此,视觉动线的主次分区应根据信息的重要性和逻辑关联性进行,可以先将界面中的信息划分为重要信息、次要信息和相关信息三类,然后根据所要表达的信息等级来安排信息等级的布局,不同位置关系可以引起用户不同程度的注意,因而可以将最重要的元素排布在主图表位置。

(3) 基于视觉规律的信息凸显

在视觉感知阶段,当可视化中所有的视觉元素同时进入视觉系统,基于视觉规律的信息凸显方法让有用目标和背景产生分离,这类信息凸显方法包括形式差异、色彩对比、运动变化和空间位置四类。其中,形式差异可以采用包括方向、长度、曲率的一致性等进行差异化设计;色彩对比可以采用不同对象之间的色相、明度、纯度、透明度等对比编码方法进行差异凸显;运动变化的凸显可以采用速度差异、闪烁、方向变化等形式;空间位置的凸显可以参考线、明暗关系以及近大远小等变化方式。这些巧妙的视觉凸显方法可以引导用户改变视线流向,让用户的视线转向所指的信息。

(4) 合理动线路径规划

在大数据可视化中,交互设计需要通过可视化中的界面元素的编码、排列及分布为用户合理动线路径规划:"Where"——他们现在哪里?"How"——他们是如何到达的?"Target"——他们可以到哪里去?这些动线指引的视觉语言包括可点击的下一步、清晰布局、定向导航、具有方向的滑块、带有箭头的按钮、联动的交互动作、关联变化的属性等。时刻让用户了解视觉动线的下一步,帮助用户按照既定的顺序依次进行浏览。

(5) 必要的回溯路径

除了让用户明确他们在哪里以及他们是如何到达的,还需要为用户提供必要的回溯路径,使得他们可以在任何时候返回并尝试另一条路径。例如,在搜索时,当系统中没有用户所需要的结果,不仅需要告诉用户没有结果可以匹配,同时还需要有相关引导帮助用户解决问题,比如提供其他相关联的搜索关键词、在弹出窗口右上角或底部出现当前图表的所属信息和关联性等辅助信息的交互形式。必要的回溯路径可以避免用户迷失,保证用户沿着既定的视觉动线前进或后退。

(6) 流畅的跳转与切换

由于大数据可视化中的视觉动线不仅包含单一页面内的一系列视觉流程,有时还包括多个视图、窗口及页面间的动态切换和跳转,因此,要保持用户在多页面切换中的视线不分散,需要最小化跳转过程中的视觉突变,在关联的视图及页面中采用已经创建的视觉语言并确保顺序合理性。当某个主图表的子表需要发生位置变化时,其色彩、形状等熟悉编码应该与主表保持一致,让用户以此为基准,这样才会让用户在不同图表(窗口)之间形成一个流畅、稳定的视觉动线。

(7) 弱化等待时间

等待时间指的是一张复杂图表在用户操作后技术层面的必须等待时间,当视觉动线暂时停留需要等待当前状态加载时,等待时间越长,用户意图就会存在变化的可能。0.5 s 到 1 s 一般为立即响应时间,这个区间通常能被用户所容忍,但当时间在 10 s 以上则为缓慢时间响应,用户的注意力已经不能集中。因此,在这个时间中需要避免乏味和操作不连贯的干扰感。可以通过设计来减少用户等待中的心理评估时间和因等待而产生的焦躁感,具体方法包括在等待加载的过程中融入一些趣味性的动画、文案或进度提示等信息,减少用户被动等待的心理时间。

(8) 交互前后的容错性

大数据可视化的复杂度会让用户在认知复杂图表数据时容易混淆出错。因此,需要在视觉动线中增加能够包容用户试错的交互路径,便于用户进行探索和尝试,并针对不同认知过程中可能发生的误触发、无意义操作,加入撤销、返回等容错性交互功能,以消除用户的挫折感,从而降低可视化的复杂度。

通过上述 8 种视觉动线优化设计方法可以为用户的交互行为提供最佳规划，有效保证视觉动线的流畅性，降低可视化中的交互复杂度。

7.2.4.2 交互架构的复杂度优化方法

由 6.4.2 节的分析可知，交互架构的层级、用户行为的逻辑和交互控件的设计这三个因素之间的匹配程度越高，整个交互架构的复杂度越低，用户的掌控感和流畅度越好，用户体验感也越好。因此，交互架构的复杂度优化方法也需要围绕这三个因素展开，具体方法如图 7-10 所示。

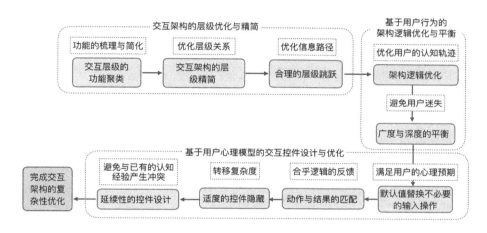

图 7-10 交互架构的复杂度优化方法

（1）交互架构的层级优化与精简

根据 6.4 节的分析，交互架构的层级优化可以从功能聚类、层级精简、合理的层级跳跃三个角度展开。

① 交互层级的功能聚类：交互层级的功能聚类应根据信息的重要性和逻辑关联性进行，按照优先级对功能进行排序、梳理与简化。找出所有层级之间的相互关系，对其进行分组，使关系紧密、功能相近的层级在界面中处于较近的位置，将关系疏远、功能无关的层级区别开。

② 交互架构的层级精简：交互架构的层级精简是为了优化层级关系，通过将最重要的元素排成一级，并且在第一级中只保留最基本功能的控件，将次重要的元素放置在对应一级下的层级，去掉执行相同任务的重复方式和重复路径，从而将复杂度转移。

③ 合理的层级跳跃：交互架构中合理的层级跳跃是为了优化信息路径，使

得信息层级在拥有较好的用户体验前提下实现层级跨越最少的路径。当架构总数相同时,设计时需要尽量平衡层级数与每一层的信息节点数目之间的关系,层级数过多会导致用户操作烦琐,过少则会导致每一层信息节点数增加。因此,只有设计合理的层级跳跃路径,才能给用户带来良好的用户体验。

(2) 基于用户行为的架构逻辑的优化与平衡

交互设计的本质是对用户行为的预估和设计,减少用户在交互过程中的认知负荷和操作负担。因此,基于用户行为的架构逻辑优化可以从架构逻辑的认知优化、满足广度与深度的平衡这两个角度构建。

① 架构逻辑的认知优化:从用户认知最优的角度简化用户的认知轨迹,避免无用的注意资源浪费,使用户可以沿最简洁、高效的逻辑路径进行操作。因此,架构逻辑应根据实际基于用户行为、浏览习惯和认知特性来选择对应的导向结构,引导用户视线自然、舒适地流动,并保证用户快速、清晰地获取目标信息。

② 广度与深度的平衡:广度与深度分别对应了交互架构的层级数量和每一层的类别数量。若广度过大,横向信息呈现太多,大量的信息将带给用户过多的认知负荷,很难找到目标;若深度过大,交互架构的纵向层级较多,则难以保证用户准确跳转,会导致用户迷失在一层一层的架构逻辑中,影响交互流畅性。因此,可视化的交互架构需要满足广度与深度的平衡:广度越大,深度应越浅;深度越深,广度应越小。

(3) 基于用户心理模型的交互控件设计

交互架构的认知加工涉及主体界面与客体用户两个因素,用户作为客体接收信息后,借助自身的知识和经验进行理解和判断。因此,交互架构需要重点考虑用户的心理模型,尽可能地基于用户习惯对交互控件进行设计与优化,让交互控件的语义功能易于理解,避免因交互控件的设计语言与用户的心理模型之间的认知摩擦而引发操作失误。具体方法如下:

① 多用默认值替换不必要的输入操作

用户持续使用某种交互架构也会形成固定思维,设计时应考虑这些潜在的具有普适性和延续性的心理预期,尽可能增加交互中符合用户心理预期的默认值,减少交互中不必要的输入操作,这种默认的自动化免输入,可以减少用户的选择和操作,降低用户的脑力负荷。

② 交互动作与反馈结果的匹配

交互动作的结果反馈能帮助用户及时获知上一步的操作结果,并产生下一步的操作动机。交互动作与反馈结果的匹配应该给用户以合乎逻辑的反馈，反馈形式应尽可能的清晰以减少用户的认知心理负担，让用户感觉到自己操作的是有效的。

③ 适度的控件隐藏

可视化中经常包含一些不常用的控件，这些不常用的控件分散了用户的注意力，增加了用户的决策时间。因此，可以采用收缩、弹出等形式把那些不重要的控件隐藏起来，减少可视化中控件的呈现数量，帮助用户减少不必要的选择与决策。

④ 熟悉的控件设计

交互控件设计与其他可视化要素不同，用户需要从长时记忆中调取已有经验对控件的操作方式进行匹配，因此并不推荐采用推翻式的创新设计，过于打破常规的控件设计容易与用户已有的认知经验产生冲突，造成理解歧义，通常建议采用用户熟悉的设计形式。此外，面对不同需求的用户人群，可视化交互设计应该提供与之匹配的交互控件。例如：针对老年人群的可视化，可以适度放大空间的尺寸设计，提供更大的字体和图标；针对儿童的可视化，可以提供更加卡通的交互控件以提高其兴趣，或增加必要的辅助说明等。

7.3 基于复杂度优化的设计流程及解析方法

7.3.1 大数据可视化的复杂度优化设计流程

基于前面的分析，本节提出一种基于整体复杂度优化的可视化设计流程。该可视化设计流程根据信息空间复杂度优化、视觉复杂度优化、认知层面的复杂度优化、交互层面的复杂度优化以及认知冗余优化这五个方面展开"从无到有"的可视化设计，每个方面都包含了具体的优化对象及设计方法（如图 7-11 所示）。该方法可以为大数据可视化界面提供可行的设计方法，为可视化的设计改良提供依据。该流程主要包括以下 11 个步骤。

步骤 1：认知空间的数据结构分类。在功能分析与任务构建的基础上，对数据进行属性聚类，按照维度属性、类别属性、层级属性和信息源属性进行认知空间的结构构建。

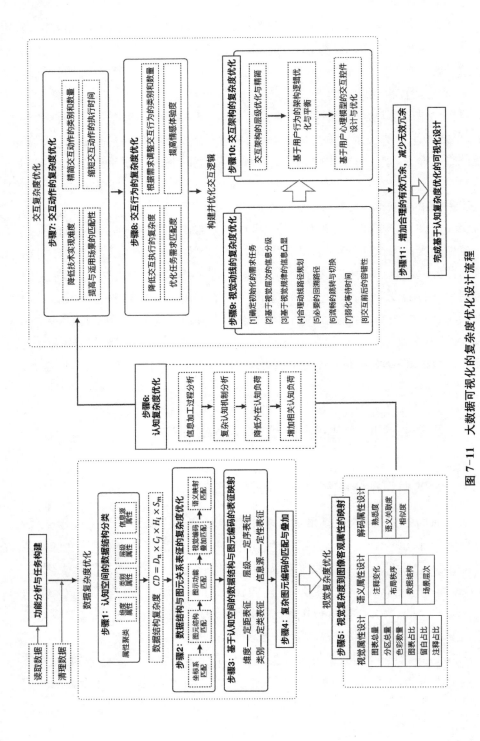

图 7-11 大数据可视化的复杂度优化设计流程

步骤 2：数据结构与图元关系表征的复杂度优化。通过对坐标系、图元结构、图示功能、视觉编码和语义映射的匹配，建立数据结构与图元关系的表征形式。

步骤 3：基于认知空间的数据结构与图元编码的表征映射。根据数据结构的属性，建立维度的定性表征、层级的定序表征、类别的定量表征和信息源的分组表征。

步骤 4：复杂图元编码的匹配与叠加。按照四种结构属性的图元关系进行一一对应的视觉编码属性叠加。

步骤 5：视觉复杂度到图像客观属性的映射。按照视觉属性、语义属性和解码属性对可视化中的客观属性进行映射与设计。

步骤 6：认知复杂度优化。通过对可视化的信息加工过程与复杂认知机制分析，提取并降低影响外在认知负荷的因素，优化并提高相关认知负荷的因素。

步骤 7：交互动作的复杂度优化。通过降低技术实现难度、提高与适用场景的匹配性、精简交互动作的类别和数量以及缩短交互动作的执行时间。

步骤 8：交互行为的复杂度优化。通过降低交互行为的执行难度、优化任务需求匹配性、提高交互行为的情感体验度，并根据步骤 6 的需求分析适度调整所包含的交互行为的类别和数量，实现交互行为的优化。

步骤 9：视觉动线的复杂度优化。具体优化方法包含 8 个子步骤，需要从视觉层次、视觉规律、动线路径等多个环节进行。

步骤 10：交互架构的复杂度优化。通过对交互架构的层级优化与精简、基于用户行为的架构逻辑优化与平衡、基于用户心理模型的交互控件设计与优化三个环节展开，具体包含了 9 个子方法。

步骤 11：增加合理的有效冗余，减少无效冗余。分别对视觉层面的呈现形式和逻辑层面的交互行为进行分析，根据需求加入适量的有效冗余设计，去除无意义、多余的无效冗余。

通过上述步骤，该流程从整个大数据设计全局过程中逐一分解了可视化流程中的复杂度相关因素，为从设计角度降低可视化的复杂度提供了一种有效、可靠的指导方法。

7.3.2 大数据可视化的复杂度逆向解析方法

上一节中提出的整体复杂度优化设计方法的过程，是从数据结构一步一步设计出可视化图像。在实际生活中，人们除了对复杂度的优化设计需求，还存在如何理解对已有的可视化案例的复杂度、如何分析的难题。在面对各种可视化作品时，无论是用户、UI(User Interface)设计师、交互设计师或者与大数据可视化相关的参与人士，如何具体解析、评价一幅大数据可视化作品的复杂程度的高低，这些需求都是真实且迫切的。

需要注意的是，复杂度解析的流程与第7.3节中提出的复杂度优化设计的步骤流程并不相同。解析是对已有的方案进行的分解，是"从有到优"的过程。面对可视化案例，用户首先看到的是视觉元素，通过一层一层地分解才能理解可视化中蕴含的数据结构。

因此，在7.2节的设计方法和前几章的研究基础上，本书进一步总结出了面向大数据可视化的整体复杂度逆向解析方法（如图7-12所示）。该解析方法对大数据可视化的复杂度进行逐层分解，同时具有双向性：正向顺序是从下往上，即可视化功能分析与任务构建—信息架构—认知行为—人机交互—认知冗余—视觉元素的分层；逆向顺序是从上往下，即可视化视觉元素—认知冗余—人机交互—认知行为—信息架构—功能与任务的分层。该方法既可以用正向指导设计，也可以从逆向分解的角度对已经可视化作品进行复杂度的分层解析。

基于该逆向解析方法，可以为可视化界面的构建与分析提供快速的指导方法。逆向分解过程可以分为以下6个步骤。

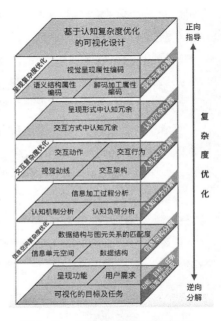

图7-12 大数据可视化的复杂度
逆向解析方法

步骤1：分解视觉元素设计。对可视化中的视觉元素的属性进行功能分解，从视觉呈现的属性编码、语义结构的属性编码和解码加工属性的编码三大类别进行归类，并按照视觉复杂度的客观属性进行分解。

步骤2：分解认知冗余设计。从呈现形式和交互形式两个方面入手，对可视化中重复的冗余形式进行梳理，找出哪些视觉元素和交互形式仅起重复和备份的辅助作用，以此作为后续分解的基础。

步骤3：分解人机交互设计。按照由浅入深的层次分解交互复杂度的载体，可以分为：交互动作、交互行为和交互逻辑，其中交互逻辑又可以分为视觉动线和交互架构，一一梳理出这四类对象的复杂度。

步骤4：分解用户的认知行为。首先分析用户对可视化中信息加工过程，梳理出其中的主要步骤和难点，进一步分析典型的认知机制和认知负荷构成。

步骤5：分解信息架构。提取可视化中图表的图元关系，找到对应的定性表征、定序表征、定量表征和分组表征，分解这些表征对应的维度、层级、类别和信息源四类数据属性及对应的数据结构。

步骤6：功能与任务的匹配。基于前5个步骤，检查可视化所呈现出来的功能是否与可视化的目标及任务匹配，以及这些功能是否满足用户的需求。

本节提出的逆向解析方法不仅可以在大数据可视化设计过程中指导设计师如何对复杂度优化，还可以对已有的可视化案例进行逆向分解。解决在实际中人们面对各种大数据案例无从下手的问题，填补设计与分析的双重空白。

7.4 基于复杂度优化方法的案例应用与分析

7.4.1 案例分析

为了验证前两节提出的复杂度优化方法的合理性，我们从网络中选取了一个典型的交互式大数据可视化案例《青海省新能源运营数据可视化平台》（如图7-13所示）。该可视化案例主要呈现了西部地区各市区的新能源场站数据及相关的服务类型、提供商、数据类别等信息。

（1）视觉元素分解

整个界面包含7个图表，色彩数量过多且明度过高，图表之间的色彩搭配并不统一，导致相互之间语义分类不明确。此外，图表之间缺少主图表的重点凸显，场景层次和分区均不清晰，缺乏清晰的视觉引导，这些视觉层面的复杂会造成用户在认知时的混乱感。

（2）认知冗余分解

界面背景中星空图案属于装饰纹，对于整个可视化的主体信息没有任何辅助作用，还会造成视觉干扰，需要减少这种无效冗余。

图 7-13 案例原型《青海省新能源运营数据可视化平台》(扫码看彩图)

(3) 人机交互分解

该可视化采用触屏交互形式。案例中包含了场站分布图表,但该地图处在界面的右下区域,该区域的认知绩效最差,用户需要查看地理信息时需要不断地将视线转移到右下角的盲区,直接影响了用户的视觉动线。此外,各个图表窗口的尺寸过小、呈现形式过于单一且操作比较死板不灵活,从而导致整体的用户体验较差。

(4) 用户的认知行为分解

根据组块化认知机制,用户会按照接近性和相邻性将该可视化界面分成上下两个部分,上部分三个图表的表征形式均比较复杂,例如中间的螺旋坐标图中的信息密度过高,用户难以识别出某场站的具体数据,认知负荷较大,且三个图表按照左到右依次排列的形式造成了用户感知层面较大的注意力竞争。但是根据用户对该可视化的信息加工过程,三个图表均属于一个地区的子数据,三者之间内在关联性并不是次序或包含与被包含的关系,而是属于三个关联的维度信息,并不需要同时呈现。因此,现有的形式干扰了用户认知,用户应该把注意力集中在重要的信息上。

(5) 信息架构分解

该案例主要围绕青海省各地区的新能源运行相关信息展开,其中的一级信息包括服务类别、站场分布、已介入站场总数和提供商类别四大类,子信息包括当前地区的新能源运营的服务、供应商和数据类别。当用户点击某个具体的城市时,相关信息会更新到当前城市的新能源运行情况。但在该可视化界面中,第一行的三个图表属于详细信息,而重要的概括类信息却放在了第二行,信息的重要性层级并不一致,用户难以快速查询到需要的信息。此外,各图表之间的关联性较差,缺少同质特征,用户难以察觉相关信息的变化。

(6) 功能、任务与需求分析

针对前五项解构分析可以看出,该可视化案例呈现出来的大部分功能只能满足用户的基本需求,依然存在很多用户需求尚未考虑,例如用户在缩放地图时,当缩放比例较大时,仅靠拇指和食指的缩放动作难以快速实现,需要大尺度的缩放条辅助用户的触屏缩放;此外,用户在查看场站分布的地图时,仅采用二维形式并不能完整呈现场站的地理信息,针对此问题,可以将三维地图和二维地图进行组合切换。

7.4.2 改进方案

根据前一节中对原始案例的解析,本节将按照 7.2 和 7.3 小节中的复杂度优化方法,对可视化案例进行了改进设计,改进后的方案如图 7-14 所示。其中,最大主视图是位于中间的螺旋坐标图,代表了当前所选城市的所有场站信息,下方有三个按钮,可以进行服务类型、提供商、数据类别三个数据图表的切换,改进

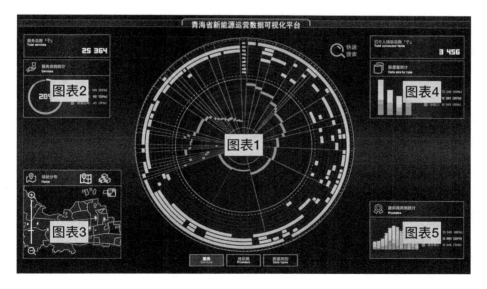

图 7-14 改进后的可视化方案(扫码看彩图)

了原始方案中三个图表的并列形式。主视图的四周按照重要性层级分布了四个一级信息的图表。

(1) 基于客观属性的视觉复杂度优化

基于第5.2节中提出的10个影响可视化视觉复杂度的客观属性及与视觉复杂度的正负相关性，改进方案对这些客观属性进行了相应的优化，各客观属性统计量及变化见表7.1。改进案例中视觉复杂度的分层解构示意图见图7-15。

表 7.1 改进后案例中各客观属性统计量及变化

分类	客观属性	原始方案	改进方案	变化
信息量	图表数量	7	5	↓2
	分区数量	7	5	↓2
	色彩数量	14	6	↓8
	图表占比	78%	61%	↓17%
	留白占比	22%	24%	↑2%
	注释占比	13%	9%	↓4%
视觉秩序	注释种类	22	14	↓8
	布局秩序	0.344	0.625	↑0.281
	场景层次	4	3	↓2

注：↑代表增加，↓代表减少

(2) 认知复杂度的优化

改进方案减少了整个界面中图表的呈现数量，有效降低了呈现形式的复杂度，并通过改进布局形式优化了整个可视化的信息架构，这些改进减少了用户不必要的注意力和记忆资源投入，有效降低了原始方案中的外在认知负荷，释放了更多的剩余认知资源以便用户投入与任务更相关的认知活动中，进而降低了用户的认知复杂度。同时，通过分析用户在该可视化信息加工过程中的认知行为，该可视化界面的认知机制涉及了组块化认知机制、多目标关联认知机制、动态追踪认知机制和"自适应"的图示认知机制四种复杂认知机制，结合每种机制的认知特性和引导方法，改进方案增加了对应的优化。例如，基于多目标关联机制的构成，改进方案在各个图表之间的相关属性上统一采用相似色彩，增加了数据表征形式中的同质特征，并设计了一些高亮的线索引导用户朝向

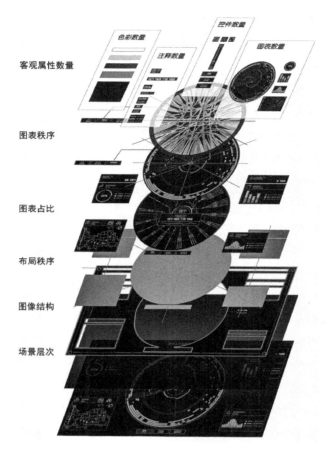

图 7-15　改进案例中视觉复杂度的分层解构(扫码看彩图)

关联信息的位置。改进后基于这四种复杂认知机制的解析示意如图 7-16 所示。

(3) 交互复杂度优化

进一步分析用户的认知行为和实际需求,并针对 7.4.1 节中分析出的交互问题,改进方案在交互设计上增加了一些更符合认知需求的交互行为,并优化了原来的交互形式,改进方案中增加的交互行为见表 7.2。例如:对场站地图窗口增加了大尺度的缩放条辅助用户进行触屏缩放(如图 7-17 所示),增加了三维地图和二维地图的组合切换方式(如图 7-18 所示),并加入了全屏模式部分(如图 7-19 所示)。对于主图表的交互行为优化包括主图表切换和长按查看数据等,具体示例如图 7-20、图 7-21 所示。

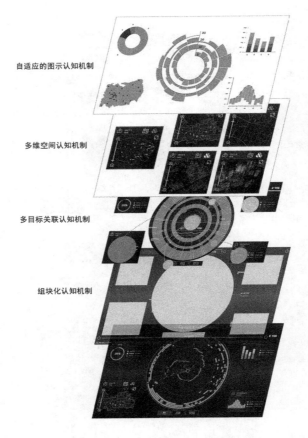

图 7-16　改进方案中四种的复杂认知机制解构（扫码看彩图）

表 7.2　案例中新增的交互行为及说明

新增交互行为	改进说明	应用对象
关联	点击某一个表中的具体信息时，其他的表里会同时突出显示与其对应的关联数据信息和变化	全部图表
筛选	根据某些条件查找、筛选某一详细数据	
高亮	选择某图表1的某个场站，该站点信息会被高亮	图表1
图表切换	通过表3下方的三个按钮进行服务类型、提供商、数据类别三个数据图表的自由切换	
类型转换	增加了三维地图类型，和二维地图进行组合切换	图表3
折叠/展开	当用户需要更清楚地查看地图时，点击后可以全屏展开，默认时为折叠的小窗口	

7 大数据可视化的复杂度优化方法及应用

(a) 缩小　　　　　　　　　　(b) 放大　　　　　　　　　　(c) 平移

图 7-17　改进后的交互行为 1：地理信息图的放大、缩小和平移

(a) 切换地图模式（平面/三维）　　　(b) 三维地图模式　　　　　(c) 放大/缩小

图 7-18　改进后的交互行为 2：地图的平面模式与 3D 模式切换（扫码看彩图）

图 7-19　改进后的交互行为 3：窗口的最大化与缩放（扫码看彩图）

179

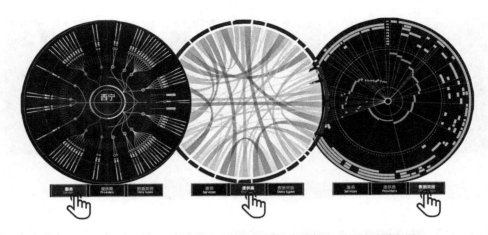

图 7-20　改进后的交互行为 4：主视图中的图表切换（扫码看彩图）

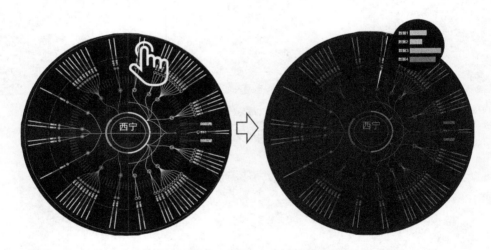

图 7-21　改进后的交互行为 5：长按后查看具体数据（扫码看彩图）

7.4.3　验证分析

为了进一步检验前面所提的复杂度优化方法的可行性和有效性，本小节将通过一个简单的行为实验进行验证。为避免因重复操作而导致的熟悉度干扰，实验采用组间设计，将被试分成两组，每组 18 人，分别对原始界面和改进界面进行操作。通过相同的实验任务设计，对原始界面和改进界面的认知绩效进行比较。实验任务统一设计为：首先在地图中找到西宁市，查看西宁市的新能源的场站分布,找到场站31,并点击查看该场站的新能源使用情况。

删除数据中的特异值,对改进前后方案的反应时进行单因素方差分析,结果如表7.3所示。改进前后的界面方案对反应时有显著影响($F=9.545$,$p=0.004$,$p<0.005$),改进界面的反应时明显小于原始界面,用户的认知速度得到了显著提高,说明经过前一节中的改进,整个可视化的复杂度确实被降低了。

表 7.3 原始方案和改进方案在反应时间上的结果

方案类别	样本容量/人	反应时均值/ms	标准差	均值标准误差
原始可视化	18	1 035.47	256.767	61.683
改进可视化	18	558.63	79.544	19.251

综上,该结果验证了研究提出的复杂度优化方法的有效性,这套方法可以填补目前对于可视化的复杂度分析和设计方法领域的空白,可以广泛用于可视化设计师、数据分析师等大数据相关人员的设计工作中,具有较好的指导意义。

7.5 本章小结

基于前面几章的分析和研究,本章提出了基于大数据可视化整个信息传递过程的"整体复杂度"的概念以及整体复杂度结构模型。并在此基础上,分别提出了详细的基于图元编码的数据复杂度优化方法、基于客观属性的视觉复杂度优化方法、基于认知冗余的视觉复杂度优化方法、基于视觉动线和交互架构的交互复杂度优化方法,以及基于整体复杂度优化的可视化设计流程和整体复杂度逆向解析方法。最后,将这些方法应用到实际的可视化案例中,按照这些复杂度优化方法对案例进行了改进设计,改进后可视化界面的认知绩效显著优于原始界面,由此证明所提方法的可行性和有效性。

8 总结与展望

8.1 总结

在交互技术多元化的发展下,大数据系统数据处理和分析的终极目的是大数据高效实用,通过计算机终端的数字界面呈现,并以信息的形式呈现给大数据用户。如果把存储、计算、挖掘过程的多层结构称为大数据的应用前端,那么呈现巨量信息的可视化界面即为大数据的应用后端。因此,大数据可视化研究从数据端到用户端的转变是必要且关键的。

大数据可视化的"复杂"不仅是数据本身的复杂。从"人机环"宏观角度来说,用户对于大数据可视化界面的认知是一个信息加工的过程,大数据可视化的复杂度不仅发生在最终呈现的界面图像中,而且涉及整个信息传递过程。对用户来说,简单的线性思维方式已经过时,他们面对的是复杂的、非线性的、随机的大数据结构与图像,需要新的认知理论和方法理论来展开研究。如何对大数据的复杂度进行研究和分析,需要深入理解大数据的"复杂"之处,一步一步分层解构这些复杂问题,最终从用户的认知角度平衡这些影响认知的复杂度。

本书完成的主要工作包括以下几点:

(1) 本书把"用户认知"作为大数据可视化复杂度研究的分析主体和需求主体,构建了大数据可视化的信息加工模型、认知负荷结构模型和大数据可视化的认知复杂度结构模型,并基于这三个模型背后的认知机理,梳理出了可视化认知复杂度背后的内外构成因素,其中认知机制的复杂性是构成认知复杂度的外因,而内因则是认知负荷的过载,两者共同构成了大数据可视化的认知复杂度。

(2) 对数据结构与信息空间的复杂度进行梳理,从认知层面对信息空间结构进行了分类,并对大数据中的图元关系进行了分层解构,建立了基于认知空间的数据结构与可视化图元表征的编码属性之间的映射关系,并逐步构建了从数据到视觉层面的图元关系，通过实验研究了多属性编码数量和叠加形式对于认知的影响，解开了从数据到可视化的"黑匣子"。

（3）通过理论分析与实验研究确定了构成大数据可视化的视觉复杂度的相关客观属性和主观熟悉度因素，并且通过实验证明复杂度并不是基于视觉元素数量的绝对变量，而是受熟悉、先验知识影响的相对变量。复杂度本质上对应的是用户对于可视化界面元素的组块能力，一旦目标对象的特征符合高熟悉度，则组块强度越高，消耗工作记忆资源越少，客观因素构成的复杂度对于认知的影响越小。

（4）提出了基于认知全过程的整体复杂度模型。该模型从认知加工次序、视觉编码、复杂度分类和复杂度影响因子四个角度分别描述整个认知过程中的复杂度，并通过对不同复杂度因子的提取和分析，建立从认知到可视化认知属性、复杂度结构关系、再到复杂度影响因子的完整关联性映射。

本书在研究过程中取得了以下一些创新性成果：

（1）针对性地研究用户在面对大数据可视化中的认知加工过程及其包含的典型认知机制，从根本上挖掘出了用户对大数据可视化的内在认知需求，构建了大数据可视化的信息加工模型、认知负荷结构模型和大数据可视化的认知复杂度结构模型，从根本上梳理出了可视化认知复杂度的构成因素。

（2）提出了基于认知空间的数据结构与图元编码表征映射关系，解开了从数据到可视化的"黑匣子"，并通过实验研究了多属性编码数量和叠加形式对于认知的影响。同时，通过主观评价和客观行为实验方法对视觉复杂度的构成属性展开了具体研究，深度剖析了复杂度的本质属性，并通过视觉行为反应和眼动追踪生理测评实验证明了视觉复杂度的分层映射，为视觉复杂度的相关研究做出了理论贡献。

（3）从交互操作、交互行为到交互逻辑三个层次分解了大数据可视化的交互复杂度，并针对交互架构中的有效冗余和无效冗余展开具体的分析，并提出了面向大数据可视化的整体复杂度概念及其详细的复杂度优化设计方法、设计流程和逆向解析方法，并应用于案例得到验证，为可视化界面构建与分析提供准确、快速的指导方法。

8.2 后续工作展望

本书从认知的角度出发，按照认知、数据、视觉、交互四个方面对大数据可视化的复杂度展开了全面、详细的分析和研究。在分解大数据可视化的复杂度的研究过程、研究思路和实验方法上取得了一定的突破和进展,同时也在如何优化可视化复杂度的方法上做了大量的实验研究,但还有很多问题值得进一步深入研究。进一步的研究主要有:

(1) 分析并归纳出大数据可视化中五种典型的复杂认知机制,但可能存在其他的复杂认知机制有待分析。

(2) 由于实验时长的限制,4.5 小节中编码叠加数量级只采用了 4 种叠加量级,更多的叠加形式有待进一步研究。

(3) 书中提出的认知层面的复杂度与冗余度的理论和设计方法还需要进一步完善,可以通过实验进行理论的验证和补充。

(4) 虽然在特定任务目标下,用户的视觉动线具有一定的稳定性,但也会经常随着认知活动的变化发生各种变化,用户不一定会遵循预先设定的路径。因此,大数据可视化中的视觉动线不是一个固定、规律、结构化的路径,而是基于用户在交互流程中的不停选择的动态路径,这部分研究还需要跟进。

8.3 大数据可视化的未来发展趋势

(1) 叙事化的情景体验

数据可视化本质上是为了感知和沟通数据而存在的,可视化叙事(Visual Storytelling)主要研究的是如何在可视化用于信息的展示和交流提供更多的沉浸式的用户体验。2011 年,微软亚洲研究院提出了"Digital Narrative 数字化叙事",将 Rich Interactive Narratives(RIN)富交互式技术运用在可视化中,把传统的叙事形式与新的可视化技术相结合,将视频、音频和文本等多种类型的媒体进行串联,用户可以与可视化内容进行各种互动,并可在任意环节停下来仔细查看数据,每一个子界面都可以连续叙事,使用户能够随时探索丰富的交互式可视化,让用户有身临其境的故事感。叙事化情境设计可以让整个可视化更加情景交融,让用户更好地进行决策,提高可视化的绩效。

目前,可视化中的叙事化情景设计还处在一个比较初期的阶段,人们还在探索如何具体应用它,如何在这一认知过程中调动用户的参与性也非常重要,可视化的情景涉及了引导性、趣味性、娱乐性以及新颖性等,在具体呈现形式上又涉及了视觉元素的修饰形式,视图结构之间的叙事方式,交互手段及页面跳转中的上下文效应,以及熟悉性和记忆性等因素,这些因素都需要综合考虑和进一步研究。

(2) 艺术与美感的结合

数据是静止且冰冷的,但数据可视化可以是活泼甚至优美的。就大数据可视化的图像设计而言,在面对大量繁复数据的处理时,用户的注意力、参与度、愉悦感都会对认知过程产生影响。因此,让用户在感知数据的同时获得舒适的美学体验非常重要。这种艺术与美感具有重要意义,可以说是可视化呈现的点睛之笔。但是,可视化中的美感需求并不是单纯地追求花哨、炫酷的视觉效果,而是在传递数据信息的同时,增加一层视觉美感,让用户自主地产生探索兴趣,并根据美感来进行判断和决策。这种美学体验满足的不仅是用户审美上的快感,更需要结合视觉传达的美学法则来提高数据的呈现水平,实现功能与形式的完美结合。例如,构图的对称与平衡、色彩的搭配、光线的舒适度、意境表达等,同时需要保证数据信息的感知效率和用户的认知流畅性。因此,提升可视化的美感体验,加入情感因素的可视化呈现方式将会是未来的研究重点。

参考文献

[1] Cohen J, Dolan B, Dunlap M, et al. MAD skills: New analysis practices for big data[J]. Proceedings of the Vldb Endowment, 2009, 2(2): 1481-1492.

[2] 涂子沛. 大数据[M]. 桂林: 广西师范大学出版社, 2014.

[3] 李媛媛. 大数据及应用案例分析[J]. 经济管理, 2016(6): 75.

[4] Card S K, Mackinlay J D, Shneiderman B. Readings in Information Visualization: Using Vision to Think[J]. San Francisco: Morgan-Kaufmann Publishers, 1999: 1-712.

[5] 陈为, 沈则潜, 陶煜波, 等. 数据可视化[M]. 北京: 电子工业出版社, 2013.

[6] 李晶, 薛澄岐, 史铭豪, 等. 基于信息多维属性的信息可视化结构[J]. 东南大学学报(自然科学版), 2012, 42(6): 1094-1099.

[7] 董军宇, 辛帅. 基于视觉感知的流场可视化[D]. 青岛: 中国海洋大学, 2012.

[8] Wong P C, Shen H W, Johnson C R, et al. The Top 10 Challenges in Extreme-Scale Visual Analytics[J]. IEEE Computer Graphics & Applications, 2012, 32(4): 63-67.

[9] Zikopoulos P, Eaton C. Understanding Big Data: Analytics for Enterprise Class Hadoop and Streaming Data[J]. New York: McGraw-Hill Osborne Media, 2011: 1-10.

[10] 袁晓如. 大数据可视分析: 挑战和机遇[C]//大数据、云计算与地球物理应用研讨活动论文摘要集. 中国地球物理学会信息技术专业委员会, 2014: 48-49.

[11] Keim D, Qu H, Ma K L. Big-Data visualization[J]. IEEE Computer Graphics and Applications, 2013, 33(4): 20-21.

[12] Chen C M. CiteSpace II: Detecting and visualizing emerging trends and transient patterns in scientific literature[J]. Journal of the Association for Information Science and Technology, 2006, 57(3): 359-377.

[13] Shneiderman B, Bederson B. The craft of information visualization: Readings and Reflections[J]. Mill Dissertations & Discussions, 2003, 18(1): 129-130.

[14] Keim D A. Information visualization and visual data mining[J]. IEEE Trans. on Visualization and Computer Graphics, 2002, 8(1): 1-8.

[15] Ware C. Information Visualization: Perception for Design[M]. Burlington, MA, USA: Morgan Kaufmann, 2012.

[16] Tukey J W. Exploratory Data Analysis[M]. London: Pealson PLC, 1977.

[17] 任磊,杜一,马帅,等.大数据可视分析综述[J].软件学报,2014,25(9):1909-1936.

[18] 任磊.信息可视化中的交互技术研究[D].北京:中国科学院软件研究所,2009.

[19] Zhu Y, Suo X, Owen G S. A visual data exploration framework for complex problem solving based on extended cognitive fit theory[C]. International Symposium on Visual Computing. Springer Berlin Heidelberg, 2009: 869-878.

[20] Reda K, Febretti A, Knoll A, et al. Visualizing Large, Heterogeneous Data in Hybrid-Reality Environments[J]. IEEE Computer Graphics and Applications, 2013, 33(4): 38-48.

[21] Engel D, Hüttenberger L, Hamann B. A survey of dimension reduction methods for high-dimensional data analysis and visualization[J]. Open Access Series in Informatics, 2012, 27: 135-149.

[22] Liu K, Liu P, Jin D. Stimulation Spectrum Based High-dimensional Data Visualization[J]. IEEE, 2006: 721-724.

[23] Artero A O, De Oliveira M C F, Levkowitz H. Enhanced high dimensional data visualization through dimension reduction and attribute arrangement[C]. 10th International Conference on Information Visualization (IV06), 2006,7: 707-712.

[24] Bollini L. A user-centered Perspective on Interactive Data Visualization. A digital flâneries into the documentation of the Historical Italian Mind Science Archive[C]// 2CO Communicating Complexity, 2017 Tenerife Conference. 2020: 106-114.

[25] Taylor K W, Wang Z C, Walker V R, et al. Using interactive data visualization to facilitate user selection and comparison of risk of bias tools for observational studies of exposures[J]. Environment International, 2020, 142: 1-7.

[26] Li S, Caporusso N. Investigating Transparency and Accountability of User Interfaces for Data Visualization: A Case Study on Crowdfunding[J]. Advances in Intelligent Systems and Computing, Human Interaction and Emerging Technologies, 2019: 777-782.

[27] Lai W, Huang X, Nguyen QV, et al. Applying Graph Layout Techniques to Web Information Visualization and Navigation[C]. Proceedings of the Computer Graphics, Imaging and Visualisation, 2007: 447-453.

[28] Castellano G, Cimino M G C A, Fanelli A M, et al. A multi-agent system for enabling collaborative situation awareness via position-based stigmergy and neuro-fuzzy learning[J]. Neurocomputing, 2014, 135: 86-97.

[29] Yim H B, Lee S M, Seong P H. A development of a quantitative situation awareness measurement tool: Computational Representation of Situation Awareness with Graphical

Expressions (CoRSAGE)[J]. Annals of nuclear energy, 2014, 65(mar.): 144-157.

[30] Albers M J. Contextual Awareness as Measure of Human-Information Interaction in Usability and Design[C]. HCI International 2011, Orlando: DBLP, 2011: 103-107.

[31] Valdes C, Eastman D, Grote C, et al. Exploring the design space of gestural interaction with active tokens through user-defined gestures[C]. 2014. Proceedings of the SIGCHI Conference on Human Factors in Computing Systems,2014, 4107-4116.

[32] 程时伟,沈晓权,孙凌云,等. 多用户眼动跟踪数据的可视化共享与协同交互[J]. 软件学报, 2019,30(10): 3037-3053.

[33] Hollands J G, Spence I. Judging Proportion with Graphs: The Summation Model[J]. Applied Cognitive Psychology, 1998, 12(2): 173-190.

[34] Green T M, Ribarsky W, Fisher B. Visual analytics for complex concepts using a human cognition model[C]. Visual Analytics Science and Technology, 2008. VAST'08. IEEE Symposium on. IEEE, 2008: 91-98.

[35] Shneiderman B. Designing the user interface: strategies for effective human-computer interaction[M]. Designing the user interface: Addison-Wesley, 2010: 125-126.

[36] Sedig K, Parsons P, Dittmer M, et al. Human-Centered Interactivity of Visualization Tools: Micro- and Macro-level Considerations[M]//Huang W D, ed. Handbook of Human Centric Visualization. New York, NY: Springer New York, 2013: 717-743.

[37] 郝柏林. 复杂性的刻画与"复杂性科学"[J]. 物理, 2001, 30(8): 466-471.

[38] 赵树进. 生命的复杂性与人类认识的有限性[J]. 医学与哲学, 2003,24(2): 39-43.

[39] Weaver W. Science and complexity[M]. Boston: Springer US, 1991.

[40] Richard A, Peters I, Strickland R N. Image complexity metrics for automatic target recognizers[C]. Proceedings of Automatic Target Recognition System and Technology Conference, NavalSurfaceWarfare Center. Silver Spring, MD, USA, 1990: 1-17.

[41] 朱延武,孔祥维. 一种新的基于JPEG图像复杂度的JSteg隐密分析算法[D]. 大连:大连理工大学,2005.

[42] 郭云彪. 信息隐藏的安全性研究[D]. 天津: 天津大学, 2005.

[43] 王磊,杨付正,常义林,等. 基于空间复杂度掩盖的边缘检测算法[J]. 中国图象图形学报, 2008,13(1): 100-103.

[44] 钱思进,张恒,何德全. 基于图像视觉复杂度计算的分类信息隐藏图像库[J]. 解放军理工大学学报(自然科学版),2010,11(1): 26-30.

[45] 郭小英,李文书,钱宇华,等. 可计算图像复杂度评价方法综述[J]. 电子学报, 2020, 48(4): 819-826.

[46] 刘劲杨. 哲学视野中的复杂性:拓展复杂性研究的新视野[J]. 江南大学学报(人文社会

科学版),2008,7(5):28-33,50.

[47] Edmonds B. (1999). What is Complexity - The philosophy of complexity per se with application to some examples in evolution[D]. Manchester: Manchester Metropolitan University, 1995.

[48] Snodgrass J G, Vanderwart M. A standardized set of 260 pictures: Norms for name agreement, image agreement, familiarity, and visual complexity[J]. Journal of Experimental Psychology Human Learning and Memory, 1980, 6(2): 174-215.

[49] Alario F X, Ferrand L. A set of 400 pictures standardized for French: norms for name agreement, image agreement, familiarity, visual complexity, image variability, and age of acquisition[J]. Behavior Research Methods, Instruments, & Computers, 1999, 31(3): 531-552.

[50] Ghasisin L, Yadegari F, Rahgozar M, et al. A new set of 272 pictures for psycholinguistic studies: Persian norms for name agreement, image agreement, conceptual familiarity, visual complexity, and age of acquisition[J]. Behavior Research Methods, 2015, 47(4): 1148-1158.

[51] McDougall S J, Curry M B, De Bruijn O. Measuring symbol and icon characteristics: Norms for concreteness, complexity, meaningfulness, familiarity, and semantic distance for 239 symbols[J]. Behavior Research Methods, Instruments, and Computers, 1999, 31(3): 487-519.

[52] Soares A P, Pureza R, Comesaña, M. Portuguese Norms of Name Agreement, Concept Familiarity, Subjective Frequency and Visual Complexity for 150 Colored and Tridimensional Pictures[J]. The Spanish Journal of Psychology, 2018, 21: 1-15.

[53] Michailidou E, Harper S, Bechhofer S. Visual complexity and aesthetic perception of web pages[C]. Proceedings of the 26th Annual International Conference on Design of Communication. Lisbon: SIGDOC 2008, 2008: 215-223.

[54] Harper S, Michailidou E, Stevens R. Toward a definition of visual complexity as an implicit measure of cognitive load[J]. ACM Transactions on Applied Perception, 2009, 6(2): 1-18.

[55] Cox D S, Cox A D. What Does Familiarity Breed? Complexity as a Moderator of Repetition Effects in Advertisement Evaluation[J]. Journal of Consumer Research, 1988, 15(1): 111-116.

[56] Donderi D C. An information theory analysis of visual complexity and dissimilarity[J]. Perception, 2006, 35(6): 823-835.

[57] DaSilva M P, Courboulay V, Estraillier P. Image complexity measure based on visual at-

tention[C]. In 2011 18th IEEE International Conference on Image Processing, ICIP 2011, Brussels: IEEE, 2011: 3281-3284.

[58] Goldberg J H, Kotval X P. Computer interface evaluation using eye movements: methods and constructs[J]. International Journal of Industrial Ergonomics, 1999, 24(6): 631-645.

[59] Goldberg J H. Relating Perceived Web Page Complexity to Emotional Valence and Eye Movement Metrics[J]. Proceedings of the Human Factors & Ergonomics Society Annual Meeting, 2012, 56(1): 501-505.

[60] Chassy P, Fitzpatrick J V, et al. Complexity and aesthetic pleasure in websites: an eye tracking study[J]. The Journal of Interaction Science, 2017, 5: 13-13.

[61] 陈珍. 移动界面的视觉复杂度与任务难度对用户的认知影响研究[D]. 杭州: 浙江大学, 2019.

[62] Garc M, Badre A N, Stasko J T. Development and validation of icons varying in their abstractness[J]. Interacting with Computers, 1994, 6(2): 191-211.

[63] Nadal M, Munar E, Marty, Gisèle, et al. Visual Complexity and Beauty Appreciation: Explaining the Divergence of Results[J]. Empirical Studies of the Arts, 2010, 28(2): 173-191.

[64] Forsythe A, Street N, Helmy M. Revisiting Rossion and Pourtois with new ratings for automated complexity, familiarity, beauty, and encounter[J]. Behavior Research Methods, 2017, 49(4): 1484-1493.

[65] Deng L Q, Poole M S. Affect in Web Interfaces: A Study of the Impacts of Web Page Visual Complexity and Order[J]. Mis Quarterly, 2010, 34(4): 711-730.

[66] Arnoult M D, Attneave F. The quantitative study of shape and pattern perception[J]. Psychological Bulletin, 1956, 53(6): 452-471.

[67] Yoon S H, Lim J H, Ji Y G. Perceived Visual Complexity and Visual Search Performance of Automotive Instrument Cluster: A Quantitative Measurement Study[J]. International Journal of Human Computer Interaction, 2015, 31(12): 890-900.

[68] Sadeh N, Verona E. Visual complexity attenuates emotional processing in psychopathy: Implications for fear-potentiated startle deficits[J]. Cognitive, Affective & Behavioral Neuroscience, 2012, 12(2): 346-360.

[69] Awh E, Barton B, Vogel E K. Visual Working Memory Represents a Fixed Number of Items Regardless of Complexity[J]. Psychological Science, 2007, 18(7): 622-628.

[70] Liu T W, Chen W F, Liu C H, et al. Benefits and costs of uniqueness in multiple object tracking: The role of object complexity[J]. VISION RESEARCH, 2012, 66(1): 31-38.

[71] Guo X, Qian Y, Li L, et al. Assessment model for perceived visual complexity of painting images[J]. Knowledge-Based Systems, 2018, 159: 110-119.

[72] Attneave F. Some informational aspects of visual perception[J]. Psychological review, 1954, 61(3): 183-190.

[73] Hochberg J, Brooks V. The psychophysics of form: Reversible-perspective drawings of spatial objects[J]. The American Journal of Psychology, 1960, 73: 337-354.

[74] Machado P, Cardoso A. Computing aesthetics[C]. Advances in artificial intelligence. Springer Berlin Heidelberg, 1998: 219-228.

[75] Nadal M, Munar E, Marty G, et al. Visual Complexity and Beauty Appreciation: Explaining the Divergence of Results[J]. Empirical Studies of the Arts, 2010, 28(2): 173-191.

[76] Purchase H C, Freeman E, Hamer J. An Exploration of Visual Complexity[C] Diagrammatic Representation and Inference. Berlin: Lecture Notes in Computer Science, 2012: 200-213.

[77] Strother L, Kubovy, M. Perceived complexity and the grouping effect in band patterns [J]. Acta psychological, 2003, 114(3): 229-244.

[78] Geissler G L, Zinkhan G M, Watson R T. The Influence of Home Page Complexity on Consumer Attention, Attitudes, and Purchase Intent[J]. Journal of Advertising, 2006, 35(2): 69-80.

[79] Miniukovich A, Angeli A D. Quantification of interface visual complexity[C]. AVI'14. Milan: Proceedings of the 2014 International Working Conference on Advanced Visual Interfaces, 2014: 153-160.

[80] Miniukovich A, Sulpizio S, Angeli A D. Visual complexity of graphical user interfaces [C]. AVI'18. Grosseto: Proceedings of the 2018 International Conference on Advanced Visual Interfaces. 2018: 1-9.

[81] Cheng Y Y, Wang H J, Mi X J. Digital Image Enhancement Method based on Image Complexity[J]. International Journal of Hybrid Information Technology, 2016, 9(6): 395-402.

[82] Lin S W, Lo L Y S, Huang T K. Visual Complexity and Figure-Background Color Contrast of E-Commerce Websites: Effects on Consumers' Emotional Responses[C]. 49th Hawaii International Conference on System Sciences (HICSS). IEEE, 2016: 3594-3609.

[83] Mc Dougall S J, de Bruijn O, Curry M B. Exploring the effects of icon characteristics on user performance: The role of icon concreteness, complexity, and distinctiveness[J]. Journal of Experimental Psychology Applied, 2000, 6(4): 291-306.

[84] Keil J, Edler D, Kuchinke L, et al. Effects of visual map complexity on the attentional processing of landmarks[J]. PLoS ONE, 2020, 15(3): 1-20.

[85] 杜洪吉, 许亚琛, 赵晓华, 等. 桥形标视觉特征规律分析及复杂度评价方法研究[J]. 重庆交通大学学报（自然科学版）, 2019, 38(7): 1-6, 19.

[86] Sweller J. Element Interactivity and Intrinsic, Extraneous, and Germane Cognitive Load [J]. Educational Psychology Review, 2010, 22(2): 123-138.

[87] Tuch A N, Bargas-Avila J A, Opwis K, et al. Visual complexity of websites: Effects on users' experience, physiology, performance, and memory[J]. International Journal of Human Computer Studies, 2009, 67(9): 703-715.

[88] Rosenholtz R, Li Y Z, Nakano L. Measuring visual clutter[J]. Journal of Vision, 2007, 7(2): 17-17.

[89] Karvonen K. The beauty of simplicity[C]. Washington: Proceedings of the ACM Conference on Universal Usability, 2000: 16-17.

[90] Chen X X, Li B, Liu Y Z. The Impact of Object Complexity on Visual Working Memory Capacity[J]. Psychology, 2017, 8(6): 929-937.

[91] Tuch A N, Presslaber E E, Stocklin M, et al. The role of visual complexity and prototypicality regarding first impression of websites: Working towards understanding aesthetic judgments[J]. International Journal of Human Computer Studies, 2012, 70(11): 794-811.

[92] Baughan A, August T, Yamashita N, Reinecke K. Keep it Simple: How Visual Complexity and Preferences Impact Search Efficiency on Websites[C]. Association for Computing Machinery, New York: The Proceedings of the 2020 CHI Conference on Human Factors in Computing Systems. 2020: 1-10.

[93] De Angeli A, Sutcliffe A, Hartmann J. Interaction, Usability and Aesthetics: What Influences Users' Preferences? [J]. Innovation, 2006: 271-280.

[94] Hilbert D M, Redmiles D F. Extracting usability Information from User Interface Events [J]. Acm Computing Surveys, 2000, 32(4): 384-421.

[95] Reinecke K, Yeh T, Miratrix L, et al. Predicting users' first impressions of website aesthetics with a quantification of perceived visual complexity and colorfulness[C]. Proceedings of the CHI Conference on Human Factors in Computing Systems. 2013: 2049-2058.

[96] Lin S W, Lo L Y S, Huang T K. Visual Complexity and Figure-Background Color Contrast of E-Commerce Websites: Effects on Consumers' Emotional Responses[C]. 2016 49th Hawaii International Conference on System Sciences (HICSS). New York: IEEE,

2016.

[97] Alvarez G A, Cavanagh P. The Capacity of Visual Short-Term Memory Is Set Both by Visual Information Load and by Number of Objects[J]. Psychological Science, 2004, 15(2): 106-111.

[98] Song J H, Jiang Y H. Visual working memory for simple and complex features: An fMRI study[J]. Neuroimage, 2006, 30(3): 963-972.

[99] Luria R, Sessa P, Gotler A, et al. Visual Short-term Memory Capacity for Simple and Complex Objects[J]. Journal of Cognitive Neuroscience, 2010, 22(3): 496-512.

[100] Bethell-Fox C E, Shepard R N. Mental rotation: Effects of stimulus complexity and familiarity[J]. Journal of Experimental Psychology: Human Perception and Performance, 1988, 14(1): 12-23.

[101] Campbell M, Keller K. Brand Familiarity and Advertising Repetition Effects[J]. Journal of Consumer Research, 2003, 30(2): 292-304.

[102] Peracchio L A, Meyers-Levy J. Using stylistic properties of ad pictures to communicate with consumers[J]. Journal of Consumer Research, 2005, 32(1): 29-40.

[103] Swartz P. Aesthetics and Psychobiology[J]. Canadian Psychologist, 1973.

[104] Lazard A J, King A J. Objective Design to Subjective Evaluations: Connecting visual complexity to aesthetic and usability assessments of ehealth[J]. International Journal of Human-computer Interaction, 2020, 36(1): 95-104.

[105] van Mulken M, van Hooft A, Nederstigt U. Finding the tipping point: Visual metaphor and conceptual complexity in advertising[J]. Journal of Advertising, 2014, 43(4): 333-343.

[106] Liu T, Chen W, Xuan Y, et al. The Effect of Object Features on Multiple Object Tracking and Identification[C]// Engineering Psychology & Cognitive Ergonomics, International Conference, Epce, Held As Part of Hci International, San Diego: Springer-Verlag, 2009: 206-212.

[107] Spering M, Gegenfurtner K R. Contextual Effects on Smooth-Pursuit Eye Movements [J]. Journal of Neurophysiology, 2007, 97(2): 1353-1367.

[108] Miura K, Kobayashi Y, Kawano K. Ocular Responses to Brief Motion of Textured Backgrounds During Smooth Pursuit in Humans[J]. Journal of Neurophysiology, 2009, 102(3): 1736-1747.

[109] Kodaka Y, Miura K, Suehiro K, et al. Ocular Tracking of Moving Targets: Effects of Perturbing the Background[J]. Journal of Neurophysiology, 2004, 91(6): 2474-2483.

[110] Desimone R, Duncan J. Neural mechanisms of selective visual attention[J]. Annual re-

view of neuroscience, 1995,18(1): 193-222.

[111] 李杨卓, 杨旭成, 高虹, 等. 工作记忆表征对视觉注意的影响: 基于非目标模板的视角[J]. 心理科学进展, 2018, 26(9): 1608-1616.

[112] Yantis S. Goal-directed and stimulus-driven determinants of attentional control[J]. Attention and performance, 2000(18): 73-103.

[113] Carlisle N B, Woodman G F. When Memory Is Not Enough: Electrophysiological Evidence for Goal-dependent Use of Working Memory Representations in Guiding Visual Attention? [J]. Journal of Cognitive Neuroscience, 2011, 23(10): 2650-2664.

[114] Sawaki R, Geng J J, Luck S J. A common neural mechanism for preventing and terminating the allocation of attention[J]. The Journal of Neuroscience, 2012, 32(31): 10725-10736.

[115] Downing P, Dodds C. Competition in visual working memory for control of search[J]. Visual Cognition, 2004, 11(6): 689-703.

[116] Han S W, Kim M S. Do the contents of working memory capture attention? Yes, but cognitive control matters[J]. Journal of Experimental Psychology Human Perception & Performance, 2009, 35(5): 1292-1302.

[117] Franconeri S L, Simons D J. Moving and looming stimuli capture attention[J]. Perception & Psychophysics, 2003, 65(7): 999-1010.

[118] Theeuwes J. Cross-dimensional perceptual selectivity[J]. Perception & Psychophysics, 1991, 50(2): 184-193.

[119] 张滨熠, 丁锦红. 多目标视觉追踪的注意策略及其眼动模式[J]. 心理学探新, 2010, 30(4): 50-53.

[120] Pylyshyn Z W. Visual indexes, preconceptual objects, and situated vision[J]. Cognition, 2001, 80(1/2): 127-158.

[121] Horowitz T S, Holcombe A O, Wolfe J M, et al. Attentional pursuit is faster than attentional saccade[J]. Journal of Vision, 2004, 4(7): 585-603.

[122] Desimone R. Visual attention mediated by biased competition in extrastriate visual cortex[J]. Philosophical Transactions of the Royal Society of London Series B: Biological Sciences, 1998, 353(1373): 1245-1255.

[123] Abrams R A, Christ S E. Onset but not offset of irrelevant motion disrupts inhibition of return[J]. Perception & Psychophysics, 2005, 67(8): 1460-1467.

[124] Abrams R A, Christ S E. The onset of receding motion captures attention: Comment on Franconeri and Simons (2003)[J]. Perception and Psychophysics, 2005, 67(2): 219-223.

[125] Muhlenen A, Enns J T. Determinants for attentional capture by color and motion sin-

gletons[J]. Journal of Vision, 2004, 4(8): 635.

[126] 丁锦红,王东晖,林仲贤. 平滑运动条件下的图形颜色及形状加工特性的研究[J]. 心理科学, 1998, 21(1): 5-8.

[127] Franconeri S L, Simons D J. The dynamic events that capture visual attention: A reply to Abrams and Christ[J]. Perception and Psychophysics. 2005, 67(6): 962-966.

[128] Couclelis H, Gale N. Space and Spaces[J]. Geografiska Annaler. Series B, Human Geography, 1986, 68(1): 1-12.

[129] 鲁学军,秦承志,张洪岩,等. 空间认知模式及其应用[J]. 遥感学报, 2005, 9(3): 277-285.

[130] Scholl B J, Pylyshyn Z W. Tracking Multiple Items Through Occlusion: Clues to Visual Objecthood[J]. Cognitive Psychology, 1999, 38(2): 259-290.

[131] Tomasi D, Chang L, Caparelli E C, et al. Different activation patterns for working memory load and visual attention load[J]. Brain Research, 2007, 1132: 158-165.

[132] Seufert T. Supporting coherence formation in learning from multiple representations [J]. Learning and Instruction, 2003, 13(2): 227-237.

[133] Luokkala P, Virrantaus K. Developing information systems to support situational awareness and interaction in time-pressuring crisis situations[J]. Safety Science, 2014, 63: 191-203.

[134] Parsons P, Sedig K. Adjustable properties of visual representations: Improving the quality of human-information interaction[J]. Journal of the Association for Information Science and Technology, 2014, 65(3): 455-482.

[135] 李晶. 均衡认知负荷的人机界面信息编码方法[D]. 南京: 东南大学, 2015.

[136] Wu C X, Liu Y L. Development and evaluation of an ergonomic software package for predicting multiple-task human performance and mental workload in human-machine interface design and evaluation[J]. Computers & Industrial Engineering, 2009, 56(1): 323-333.

[137] Sandi C. Stress and cognition[J]. Wiley Interdisciplinary Reviews: Cognitive Science, 2013, 4(3): 245-261.

[138] Gotz D, Zhou M X. Characterizing Users' Visual Analytic Activity for Insight Provenance[J]. Information Visualization, 2009, 8(1): 42-55.

[139] Landesberger T, Fiebig S, Bremm S, et al. Interaction Taxonomy for Tracking of User Actions in Visual Analytics Applications[J]. 2014: 653-670.

[140] Chuah M C, Roth S F. On the semantics of interactive visualizations[C] Information Visualization 96, Proceedings IEEE Symposium on. IEEE Xplore, 1996: 29-36.

[141] Zhou M X, Feiner S K. Visual task characterization for automated visual discourse syn-

thesis[C]. Sigchi Conference on Human Factors in Computing Systems. ACM Press Addison-Wesley Publishing Co. 1998:392-399.

[142] 薛澄岐. 复杂信息系统人机交互数字界面设计方法及应用[M]. 南京:东南大学出版社,2015.

[143] 邵志芳. 认知心理学:理论、实验和应用[M]. 2版. 上海:上海教育出版社,2013.

[144] Simon H A. Information-processing models of cognition[J]. Journal of the American Society for Information Science,1981,32(5):364-377.

[145] Donald A N. 未来产品设计[M]. 刘松涛,译. 北京:电子工业出版社,2009.

[146] 田伟. 基于交互式的大数据可视化探究[J]. 中国新通信,2019,21(20):103-104.

[147] 周小舟. 基于用户认知的大数据可视化视觉呈现方法研究[D]. 南京:东南大学,2018.

[148] 郑煜. 结构化数据异构同步技术的研究[D]. 北京:北京林业大学,2013.

[149] 施志林. 时空数据分布式存储研究[D]. 赣州:江西理工大学,2015.

[150] 王瑞松. 大数据环境下时空多维数据可视化研究[D]. 杭州:浙江大学,2016.

[151] Tominski C,Schumann H,Andrienko G,et al. Stacking-Based Visualization of Trajectory Attribute Data[J]. IEEE Transactions on Visualization & Computer Graphics,2012,18(12):2565-2574.

[152] Berlyne D E,Ogilvie J C,Parham L C. The dimensionality of visual complexity,interestingness,and pleasingness[J]. Canadian Journal of Psychology,1968,22(5):376-387.

[153] Bradley M M,Hamby S,Andreas L A,et al. Brain potentials in perception:Picture complexity and emotional arousal[J]. Psychophysiology,2007,44(3):364-373.

[154] Berlyne D E. Novelty,complexity,and hedonic value[J]. Perception & Psychophysics,1970,8(5):279-286.

[155] Stolte C,Tang D,Hanrahan P. Polaris:A System for Query,Analysis,and Visualization of Multidimensional Databases[J]. Communications of the ACM,2008,51(11):75-84.

[156] Munzner T. A Nested Model for Visualization Design and Validation[J]. IEEE Transactions on Visualization & Computer Graphics,2009,15(6):921-928.

[157] Newell A,Shaw J C,Simon H A. Elements of a theory of human problem solving[J]. Psychological Review,1958,65(3):151-166.

[158] Simon H A,Newell A. Information processing in computer and man[J]. American Scientist,1964,52:281-300.

[159] Simon H A,Newell A. Human problem solving:The state of the theory in 1970[J]. American Psychologist,1971,26(2):145-159.

[160] Newell A, Simon H A. Computer simulation of human thinking[J]. science, 1961, 134 (3495): 2011-2017.

[161] Wickens J. The Contribution of the Striatum to Cortical Function[M]//Information Processing in the Cortex. Berlin, Heidelberg: Springer, 1992: 271-284.

[162] Atkinson R C, Shiffrin R M. Human Memory: A Proposed System and its Control Processes[J]. Psychology of Learning and Motivation, 1968: 89-195.

[163] Sweller J. Cognitive Load During Problem Solving: Effects on Learning[J]. Cognitive Science, 1988, 12(2): 257-285.

[164] Paas F G, Van Merrienboer J G. Instructional control of cognitive load in the training of complex cognitive tasks[J]. Educational Psychology Review, 1994, 6(4): 351-371.

[165] Paas F, Renkl A, Sweller J. Cognitive load theory and instructional design: recent developments[J]. Educational Psychologist, 2003, 38(1): 1-4.

[166] Baddeley A D, Hitch G J, Allen R J. Working memory and binding in sentence recall [J]. Journal of Memory and Language, 2009, 61(3): 438-456.

[167] 杨彦波, 刘滨, 祁明月. 信息可视化研究综述[J]. 河北科技大学学报, 2014, 35(1): 91-102.

[168] 王俊超. 高维数据可视化界面交互设计研究[D]. 南京: 东南大学, 2016.

[169] Wong P, Daniel Bergeron. 30 Years of Multidimensional Multivariate Visualization[J]. Scientific Visualization, Overviews, Methodologies, and Techniques. 1997: 3-33.

[170] John J. Miller Edward J. Wegman. Construction of Line Densities for Parallel Coordinate Plots[J]. computing & graphics in statistics, 1991, 36: 107-123.

[171] 杨彦波, 刘滨, 祁明月. 信息可视化研究综述[J]. 河北科技大学学报, 2014, 35(1): 91-102.

[172] 许世虎, 宋方. 基于视觉思维的信息可视化设计[J]. 包装工程, 2011, 32(16): 11-14, 34.

[173] Foley J. Getting There: The Ten Top Problems Left[J]. IEEE Computer Graphics & Applications, 2002, 20(1): 66-68.

[174] Card S K, Mackinlay J. The structure of the information visualization design space[C]. Proceedings of VIZ '97: Visualization Conference, Information Visualization Symposium and Parallel Rendering Symposium. Phoenix: IEEE, 1997: 92-99

[175] Bieri J. Cognitive complexity-simplicity and predictive behavior[J]. Journal of Abnormal and Social Psychology, 1995, 51(2), 263-268.

[176] Nadal M, Munar E, Marty, Gisèle, et al. Visual Complexity and Beauty Appreciation: Explaining the Divergence of Results[J]. Empirical Studies of the Arts, 2010, 28(2):

173-191.

[177] Tuch A, Kreibig S, Roth S, et al. The Role of Visual Complexity in Affective Reactions to Webpages: Subjective, Eye Movement, and Cardiovascular Responses[J]. IEEE Transactions on Affective Computing, 2011, 2(4): 230-236.

[178] Kemps E. Effects of complexity on visuo-spatial working memory[J]. European Journal of Cognitive Psychology, 1999, 11(3): 335-356.

[179] King A J, Lazard A J, White S R. The influence of visual complexity on initial user impressions: testing the persuasive model of web design[J]. Behaviour & Information Technology, 2019: 1-14.

[180] 周蕾, 薛澄岐, 汤文成, 等. 产品信息界面的用户感性预测模型[J]. 计算机集成制造系统, 2014, 20(3): 544-554.

[181] Guo X Y, Wang X Y. Effect of visual fluency and cognitive fluency on the access rates of web pages[C]. International Conference on Biometrics & Kansei Engineering. IEEE, 2017: 148-152.

[182] Rodrigues D, Prada, Marília, Gaspar R, et al. Lisbon Emoji and Emoticon Database (LEED): Norms for emoji and emoticons in seven evaluative dimensions[J]. Behavior Research Methods, 2018, 50(1): 392-405.

[183] North A C, Hargreaves D J. Subjective complexity, familiarity, and liking for popular music[J]. Psychomusicology: A Journal of Research in Music Cognition, 1995, 14(1/2): 77-93.

[184] Moore, K. Examining visual cognitive complexity in the context of online women's magazine home pages[D]. Columbia: University of Missouri, 2009.

[185] Mcdougall S J, Curry M B, de Bruijn O. Measuring Symbol and Icon Characteristics: Norms for Concreteness, Complexity, Meaningfulness, Familiarity, and Semantic Distance for 239 Symbols[J]. Behavior Research Methods, Instruments, & Computers, 1999, 31(3): 487-519.

[186] Miller G A. The magical number seven, plus or minus two: some limits on our capacity for processing information[J]. Psychological Review, 1956, 63(2): 81-97.

[187] Simon H A. How Big Is a Chunk?[J]. Science, 1974, 183(4124): 482-488.

[188] Reder L M, Paynter C A, Diana R A, et al. Experience is a Double-Edged Sword: A Computational Model of The Encoding/Retrieval Trade-Off With Familiarity[J]. Psychology of Learning & Motivation, 2007, 48(12): 271-312.

[189] Reder L M, Liu X L, Keinath A, et al. Building knowledge requires bricks, not sand: The critical role of familiar constituents in learning[J]. Psychonomic Bulletin & Re-

view,2016,23(1):271-277.

[190] Shen Z, Popov V, Delahay A B, et al. Item strength affects working memory capacity[J]. Memory & Cognition, 2018,46(2):204-215.

[191] Humphreys M S, Bain J D, Pike R. Different ways to cue a coherent memory system: A theory for episodic, semantic, and procedural tasks[J]. Psychological Review, 1989, 96(2):208-233.

[192] Wilson, W. H. Halford, G. S. Robustness of tensor product networks using distributed representations[C]. Proceedings of the Ninth Australian Conference on Neural Networks. 1994. 47-51.

[193] 孙辛欣. 交互设计的决策规律:信息架构与行为逻辑的匹配[J]. 装饰,2016(5):140-143.

[194] Halford G S, Wilson W H, Phillips S. Processing capacity defined by relational complexity: Implications for comparative, developmental, and cognitive psychology[J]. Behavioral & Brain Sciences, 1998, 21(6):803-831.

[195] Yi J S, Kang Y A, Stasko J T, et al. Toward a Deeper Understanding of the Role of Interaction in Information Visualization[J]. IEEE Transactions on Visualization & Computer Graphics, 2007, 13(6):1224-1231.

[196] Heer J, Mackinlay J, Stolte C, et al. Graphical Histories for Visualization: Supporting Analysis, Communication, and Evaluation[J]. IEEE Transactions on Visualization and Computer Graphics, 2008, 14(6):1189-1196.

[197] Shannon C E. A mathematical theory of communication[J]. The Bell System Technical Journal, 2014, 27(3):379-423.

[198] Shannon CE. The mathematical theory of communication[J]. Bell Labs Technical Journal, 1950, 3(9):31-32.

[199] 林帅. 信息冗余度分类与特征[J]. 毕节学院学报,2011,29(5):16-20.

[200] 王京,基于视觉信息冗余的 IETM 界面设计研究[D].南京:东南大学,2017.

[201] Liu P, Li Z Z. Task complexity: A review and conceptualization framework[J]. International Journal of Industrial Ergonomics, 2012, 42(6):553-568.

[202] Richard E M. 多媒体学习[M]. 牛勇,邱香,译. 北京:商务印书馆,2005.

[203] Hick W E. On the rate of information gain of information[J]. The Quarterly journal of experimental psychology, 1952, 4(1):11-26.

[204] 丁一. 建筑设计中的冗余空间:以重庆某综合楼设计为例[J]. 室内设计,2011(6):14-16.

[205] Eriksen C W, Eriksen B A. Target redundancy in visual search: Do repetitions of the

target within the display impair processing?[J]. Perception & Psychophysics,1979,26(3):195-205.

[206] 王海燕,陈默,仇荣荣,等. 基于CogTool的数字界面交互行为认知模型仿真研究[J]. 航天医学与医学工程,2015,28(1):34-38.

[207] 张晶,薛澄岐,沈张帆,等. 基于认知分层的图像复杂度研究[J]. 东南大学学报(自然科学版),2016,46(6):1149-1154.

[208] Zhang J, Xue C Q, Shen Z F, et al. Study on the Effects of Semantic Memory on Icon Complexity in Cognitive Domain[C]. International Conference on Engineering Psychology & Cognitive Ergonomics, as Part of HCI International 2016 Proceedings. Springer International Publishing,2016:147-157.

[209] Zhang J, Xue C Q, Wang J, et al. Effects of Cognitive Redundancy on Interface Design and Information Visualization[C]. International Conference on Applied Human Factors & Ergonomics, as Part of AHFE International 2017 Proceedings. Springer, Cham, 2017:483-491.

附　录

附录 A　基于交互式大数据可视化的用户调研与专家访谈

尊敬的_____：

您好！请您于百忙之中真实地填写此份问卷，您所填的每一个答案，都将是我们设计研究大数据可视化相关研究中重要的参考方向。调研与访谈结果仅作为实验研究，任何个人信息不公开。非常感谢！

请您点击问卷中的图片链接，对 18 个交互式大数据可视化进行交互操作。每完成一个案例的交互操作，填写一次该问卷。问卷第一部分需要您对每个方案的以下 5 个属性进行比较评价，第二部分为访谈部分，需要您具体回忆并复述对该可视化的交互过程等信息。

第一部分：属性评价

具体属性的评分标准如下：

（1）交互复杂度指整个交互过程的复杂程度（1～5 的评分复杂度逐步增加，1＝非常简单，5＝非常复杂）

您对该案例的交互复杂度评分是：_____

（2）交互执行复杂度指用户对当前交互方式与操作目标之间的执行难度（1～5 的评分复杂度逐步增加，1＝非常简单，5＝非常复杂）

您对该案例的交互执行复杂度评分是：_____

（3）交互行为与任务需求的匹配度指当前的交互行为与用户任务需求中的交互方式是否匹配（1～5 的评分复杂度逐步增加，1＝非常不匹配，5＝非常匹配）

您对该案例的交互行为与任务需求的匹配度评分是：_____

（4）交互过程中的情感体验度被定义为交互的变化形式是否可以引起用户

的情感共鸣,给用户的感受是沉闷还是愉悦(1=非常沉闷,2=比较沉闷,3=一般无感,4=比较愉悦,5=非常愉悦)

您对该案例的交互过程中的情感体验度评分是:_____

(5)视觉复杂度的定义与5.5实验中的定义一致,为图片中的物理细节程度和复杂错综程度(1~5的评分复杂度逐步增加,1=非常简单,5=非常复杂)。

您对该案例的视觉复杂度评分是:_____

第二部分:访谈部分

1. 您首先查看的区域是哪一块?请依次描述对该可视化的浏览区域过程。

　　_____
　　_____
　　_____
　　_____

2. 您在面对该大数据可视化认知过程中的关键步骤(事件)有哪些?请列举其中比较重要的环节。

　　_____
　　_____
　　_____
　　_____

3. 您是如何理解该可视化中的交互方式的?如何评价这些交互设计?

　　_____
　　_____
　　_____
　　_____

您的性别:_____

您的年龄:_____

专业或从属行业:_____

接触大数据可视化的时间:_____

再次感谢您的参与!

案例1：

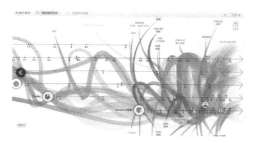

案例2：

案例3：

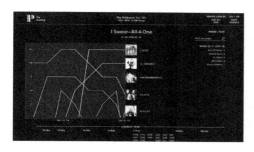

案例4：

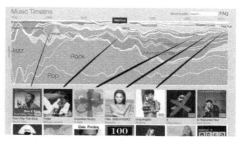

案例5：

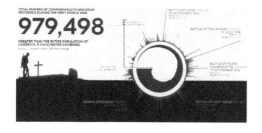

案例6：

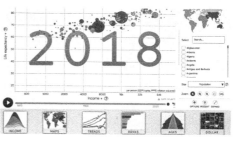

案例7：

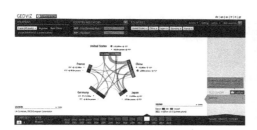

案例8：

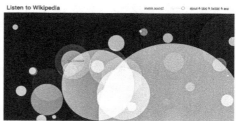

案例9： 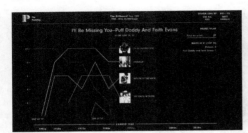 案例10：

案例11： 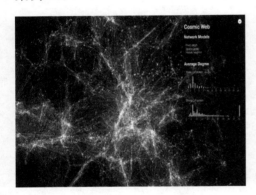 案例12：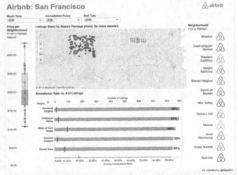

案例13：  案例14：

案例 15：

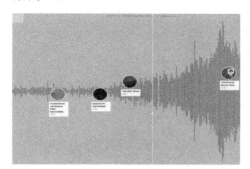

案例 16：

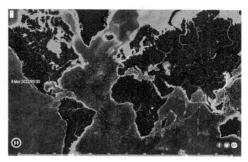

案例 17：

案例 18：

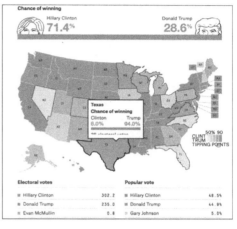

附录 B 属性编码叠加实验素材

编码叠加形式：D

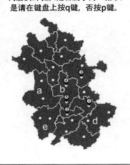

编码叠加形式：H

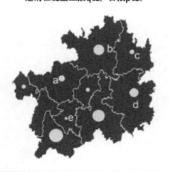

（续表）

城市a的销售额是否大于城市d？ 是请在键盘上按q键，否按p键。	城市c的销售额是否大于城市d？ 是请在键盘上按q键，否按p键。
	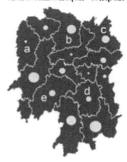

编码叠加形式：C

城市a和城市b的商品类型是否相同？ 相同请按q键，不同请按p键。	城市a和城市c的商品类型是否相同？ 相同请按q键，不同请按p键。
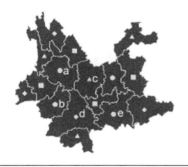	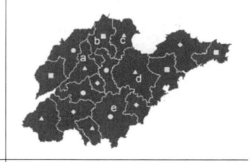
城市c和城市e的商品类型是否相同？ 相同请按q键，不同请按p键。	城市a和城市b的商品类型是否相同？ 相同请按q键，不同请按p键。
	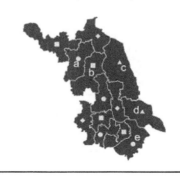

编码叠加形式：S

城市d和城市e的商品类型是否相同？
是请在键盘上按q键，否按p键。

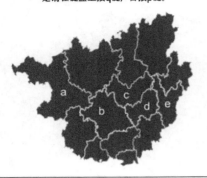

城市e和城市d是否属于一个区域？
是请在键盘上按q键，否按p键。

城市a和城市e是否属于一个区域？
是请在键盘上按q键，否按p键。

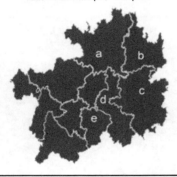

城市c和城市d是否属于一个区域？
是请在键盘上按q键，否按p键。

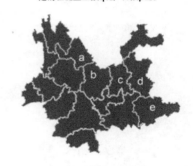

编码叠加形式：D＋H

门店3和门店4是否属于同一城市？
是请在键盘上按q键，否按p键。

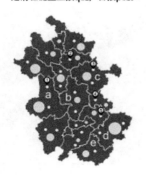

门店4和门店5是否属于同一城市？
是请在键盘上按q键，否按p键。

（续表）

门店4和门店5是否属于同一城市？ 是请在键盘上按q键，否按p键。	门店3和门店4是否属于同一城市？ 是请在键盘上按q键，否按p键。

编码叠加形式：C+D

门店4和门店5是否属于同一城市？ 是请在键盘上按q键，否按p键。	门店3和门店4是否属于同一城市？ 是请在键盘上按q键，否按p键。

门店3和门店4是否属于同一城市？ 是请在键盘上按q键，否按p键。	城市a和城市b的商品类型是否相同？ 相同请按q键，不同请按p键。

编码叠加形式：D+S

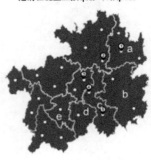

编码叠加形式：C+H

（续表）

城市a的销售额是否大于城市d?
是请在键盘上按q键，否按p键。

城市c的销售额是否大于城市d?
是请在键盘上按q键，否按p键。

编码叠加形式：S＋H

城市a的销售额是否大于城市e?
是请在键盘上按q键，否按p键。

城市a的销售额是否大于城市d?
是请在键盘上按q键，否按p键。

城市a的销售额是否大于城市d?
是请在键盘上按q键，否按p键。

城市a的销售额是否大于城市d?
是请在键盘上按q键，否按p键。

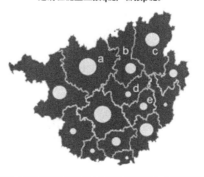

编码叠加形式：S+C

城市a和城市b的商品类型是否相同?
相同请按q键，不同请按p键。

城市a和城市c的商品类型是否相同?
相同请按q键，不同请按p键。

城市b和城市e的商品类型是否相同?
相同请按q键，不同请按p键。

城市a和城市d的商品类型是否相同?
相同请按q键，不同请按p键。

编码叠加形式：D+C+H

门店3和门店4是否属于同一城市?
是请在键盘上按q键，否按p键。

门店3和门店4是否属于同一城市?
是请在键盘上按q键，否按p键。

（续表）

门店3和门店4是否属于同一城市？ 是请在键盘上按q键，否按p键。	门店4和门店5是否属于同一城市？ 是请在键盘上按q键，否按p键。

编码叠加形式：D＋H＋S

门店3和门店4是否属于同一城市？ 是请在键盘上按q键，否按p键。	门店4和门店5是否属于同一城市？ 是请在键盘上按q键，否按p键。

门店3和门店4是否属于同一城市？ 是请在键盘上按q键，否按p键。	门店3和门店4是否属于同一城市？ 是请在键盘上按q键，否按p键。
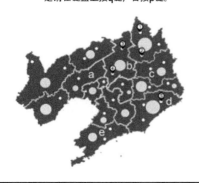	

编码叠加形式：S+C+H

编码叠加形式：D+S+C

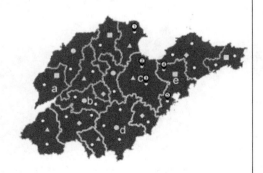

(续表)

门店3和门店4是否属于同一城市? 是请在键盘上按q键,否按p键。	门店3和门店4是否属于同一城市? 是请在键盘上按q键,否按p键。

编码叠加形式:D+S+C+H

城市a和城市d的商品类型是否相同? 相同请按q键,不同请按p键。	城市a和城市c的商品类型是否相同? 相同请按q键,不同请按p键。

城市a和城市b的商品类型是否相同? 相同请按q键,不同请按p键。	城市c和城市e的商品类型是否相同? 相同请按q键,不同请按p键。

附录C 视觉复杂度及其构成属性的主观评价问卷（在线问卷）

尊敬的＿＿＿＿＿＿＿：

您好！请您于百忙之中真实地填写此份问卷，您所填的每一个答案，都将是我们设计研究大数据可视化相关研究中重要的参考方向。问卷结果仅作为实验研究，任何个人信息不公开。非常感谢！

请您对问卷中的36张大数据可视化图片的视觉复杂度、布局秩序和主表秩序三个指标进行5分制的李克特量表评分。

具体属性的评分标准如下：熟悉度被定义为对图片的熟悉程度（1~5的评分熟悉度逐步增加，1＝完全不熟悉，2＝有点熟悉，3＝一般熟悉，4＝比较熟悉，5＝非常熟悉）。视觉复杂度被定义为图片中的物理细节程度和复杂错综程度（1~5的评分复杂度逐步增加，1＝非常简单，5＝非常复杂）；认知复杂度被定义为图片的信息负荷和认知识别、辨别难易程度（1~5的评分复杂度逐步增加，1＝非常简单，5＝非常复杂）。

您的性别：＿＿＿＿＿＿＿

您的年龄：＿＿＿＿＿＿＿

您的专业或从属行业：＿＿＿＿＿＿＿

接触大数据可视化的时间：＿＿＿＿＿＿＿

再次感谢您的参与！

附　录

在线电子问卷中的 36 张大数据可视化图片如下所示,具体呈现时采用每一页面仅单独呈现一张可视化案例。为防止顺序效应,每个被试的可视化浏览顺序都是随机的。

案例 1	案例 2	案例 3	案例 4
熟悉度:_____ 视觉复杂度:____ 认知复杂度:____	熟悉度:_____ 视觉复杂度:____ 认知复杂度:____	熟悉度:_____ 视觉复杂度:____ 认知复杂度:____	熟悉度:_____ 视觉复杂度:____ 认知复杂度:____
案例 5	案例 6	案例 7	案例 8
熟悉度:_____ 视觉复杂度:____ 认知复杂度:____	熟悉度:_____ 视觉复杂度:____ 认知复杂度:____	熟悉度:_____ 视觉复杂度:____ 认知复杂度:____	熟悉度:_____ 视觉复杂度:____ 认知复杂度:____

(续表)

案例 9	案例 10	案例 11	案例 12
熟悉度：_____ 视觉复杂度：____ 认知复杂度：____	熟悉度：_____ 视觉复杂度：____ 认知复杂度：____	熟悉度：_____ 视觉复杂度：____ 认知复杂度：____	熟悉度：_____ 视觉复杂度：____ 认知复杂度：____
案例 13	案例 14	案例 15	案例 16
熟悉度：_____ 视觉复杂度：____ 认知复杂度：____	熟悉度：_____ 视觉复杂度：____ 认知复杂度：____	熟悉度：_____ 视觉复杂度：____ 认知复杂度：____	熟悉度：_____ 视觉复杂度：____ 认知复杂度：____
案例 17	案例 18	案例 19	案例 20
熟悉度：_____ 视觉复杂度：____ 认知复杂度：____	熟悉度：_____ 视觉复杂度：____ 认知复杂度：____	熟悉度：_____ 视觉复杂度：____ 认知复杂度：____	熟悉度：_____ 视觉复杂度：____ 认知复杂度：____

(续表)

案例 21	案例 22	案例 23	案例 24
熟悉度：_____ 视觉复杂度：_____ 认知复杂度：_____	熟悉度：_____ 视觉复杂度：_____ 认知复杂度：_____	熟悉度：_____ 视觉复杂度：_____ 认知复杂度：_____	熟悉度：_____ 视觉复杂度：_____ 认知复杂度：_____
案例 25	案例 26	案例 27	案例 28
熟悉度：_____ 视觉复杂度：_____ 认知复杂度：_____	熟悉度：_____ 视觉复杂度：_____ 认知复杂度：_____	熟悉度：_____ 视觉复杂度：_____ 认知复杂度：_____	熟悉度：_____ 视觉复杂度：_____ 认知复杂度：_____
案例 29	案例 30	案例 31	案例 32
熟悉度：_____ 视觉复杂度：_____ 认知复杂度：_____	熟悉度：_____ 视觉复杂度：_____ 认知复杂度：_____	熟悉度：_____ 视觉复杂度：_____ 认知复杂度：_____	熟悉度：_____ 视觉复杂度：_____ 认知复杂度：_____
案例 33	案例 34	案例 35	案例 36
熟悉度：_____ 视觉复杂度：_____ 认知复杂度：_____	熟悉度：_____ 视觉复杂度：_____ 认知复杂度：_____	熟悉度：_____ 视觉复杂度：_____ 认知复杂度：_____	熟悉度：_____ 视觉复杂度：_____ 认知复杂度：_____

附录 D 视觉复杂度的分层映射实验素材

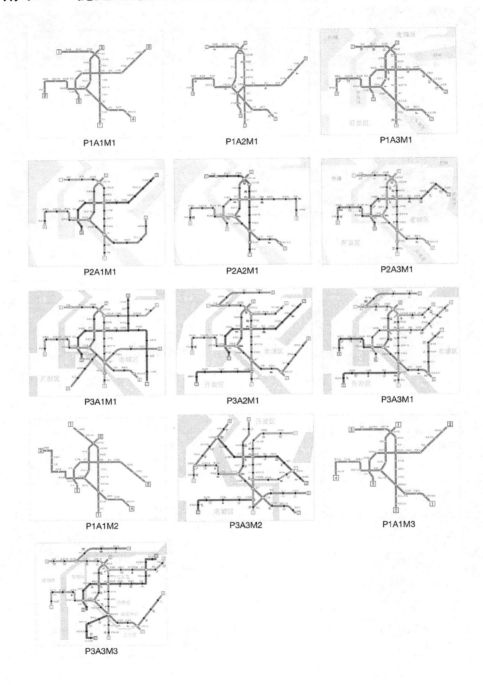